智能制造专业"十三五"规划教材

西门子（中国）有限公司官方指定培训教材

机械工业出版社精品教材

U0369416

数控车削编程与操作

主编　昝　华　郝永刚

参编　肖媛媛　刘　慧　周晓宏　张善晶　李　展　李建华

主审　李晓晖

机械工业出版社

本书主要介绍了SINUMERIK 828D数控系统车削加工编程指令及应用案例，以典型车削零件为载体，基于轴、盘、套等代表性的零件加工案例，采用作业指导书的形式给出了零件的完整加工工艺、加工程序及其说明。同时，本书针对车削编程中的关键点、不同思路，以及易出现的问题、错误和解决方法等进行了重点说明与提示。

本书可作为职业院校数控加工技术专业的教材和数控技能大赛选手的培训参考资料，还可供使用西门子SINUMERIK 828D数控系统的工程技术人员及操作人员使用。

图书在版编目（CIP）数据

数控车削编程与操作 / 昝华，郝永刚主编 . —北京：机械工业出版社，2019.9（2023.12 重印）

智能制造专业"十三五"规划教材

ISBN 978-7-111-62964-1

Ⅰ.①数… Ⅱ.①昝… ②郝… Ⅲ.①数控机床 – 车床 – 车削 – 程序设计 – 高等学校 – 教材 ②数控机床 – 车床 – 车削 – 操作 – 高等学校 – 教材 Ⅳ.① TG519.1

中国版本图书馆 CIP 数据核字（2019）第 179947 号

机械工业出版社（北京市百万庄大街 22 号　邮政编码 100037）
策划编辑：赵磊磊　王晓洁　责任编辑：赵磊磊　王晓洁
责任校对：刘雅娜　　　　　责任印制：刘　媛
涿州市殷润文化传播有限公司印刷
2023 年 12 月第 1 版第 3 次印刷
184mm×260mm ·12.25 印张 ·321 千字
标准书号：ISBN 978-7-111-62964-1
定价：39.80 元

电话服务　　　　　　　网络服务
客服电话：010-88361066　机 工 官 网：www.cmpbook.com
　　　　　010-88379833　机 工 官 博：weibo.com/cmp1952
　　　　　010-68326294　金 书 网：www.golden-book.com
封底无防伪标均为盗版　机工教育服务网：www.cmpedu.com

序
INTRODUCTION

第一代SINUMERIK数控系统的样机，今天还静静地躺在德意志博物馆里，仿佛在诉说着历史的变迁和技术的发展。SINUMERIK数控系统作为德国近现代工业发展历史的一部分，被来自世界各地的广大用户信任、依赖，并且成为制造业现代化和大国崛起的重要支撑力量。

SINUMERIK平台采用统一的模块化结构、统一的人机界面和统一的指令集，使得学习SINUMERIK数控系统的效率很高。读者通过对本书的学习就可以大大简化对西门子数控系统的学习过程。

零件加工过程，本质上是一个工程任务。作为完成这样一个工程任务的载体，SINUMERIK数控系统本身也凝结了很多严谨的工程思维和近乎苛刻的工程实施方法与步骤。所以说，SINUMERIK数控系统完美地展示了德国式的工程思维逻辑和过程方法论。

在数字化浪潮席卷各个行业、诸多领域的今天，工业领域比以往任何时候都更需要具有工匠精神的工程师和技工。他们受过良好的操作训练，掌握扎实的基础理论知识，有着敏感的互联网思维，深谙严谨的工程思维和方法论。

期待本书和其他西门子公司支持的书籍一样，能够为培养中国制造领域的创新型人才尽一份力，同时也为广大工程技术人员提供更多技术参考。

西门子（中国）有限公司

数字化工业集团运动控制部

机床数控系统总经理

杨大汉

前言
PREFACE

西门子公司自 1960 年推出第一款 SINUMERIK 数控产品至今的近 60 年间，与中国机床共同成长。SINUMERIK 系列数控产品（SINUMERIK 808D、828D、840D sl）在我国乃至全球的机械制造领域占有很大的市场份额，其先进、强大、创新的 NC，以及驱动、电动机、控制和用户界面功能，获得了业内人士的肯定和青睐。SINUMERIK 828D 作为一款承上启下的数控系统，以其卓越的性能和独创、便捷的用户界面（SINUMERIK Operate）赢得了国内外市场极佳的好评和广大职业院校的认可，并在第五届全国数控技能大赛（CNCC2012）中正式进入数控铣工和数控车工赛项，为我国数控技术应用人才的培养、储备起到了重要作用。

本书以 SINUMERIK 828D（数车）系统为例，以典型车削零件为载体，讲解其便捷的操作方法和丰富的编程方法，旨在帮助读者快速掌握 SINUMERIK 数控产品的应用方法。

本书在内容的编排上，不仅涵盖了适合初学者的 SINUMERIK 828D 的刀具编辑、对刀等基本操作、编程基本指令及部分高级指令、工艺循环指令、R 参数、Shop Turn 的编程和实例等专业知识，同时突出对编程者的规范性、严谨性、安全意识等非专业能力的培养。本书基于编程案例，以零件加工要素为载体，图文并茂，将 SINUMERIK 828D 数控系统车削编程指令分层级、由易到难、分章节逐步融入数控车削编程基础能力、综合能力、拓展能力训练案例的解析中；结合实例给出完整的数控加工工艺、加工程序清单，并进行较为细致的说明和解释；针对不同的编程思路、手段，指令的应用范围、注意事项，容易出现的问题、错误和解决方法等进行说明与点评。

本书由昝华、郝永刚任主编，肖媛媛、刘慧、周晓宏、张善晶、李展、李建华参加编写。全书由李晓晖主审。西门子（中国）有限公司的李建华、李展编写了第 1 章；北京市工业技师学院的郝永刚、肖媛媛和新乡职业技术学院的张善晶共同编写了第 3 章；北京市工业技师学院的郝永刚、肖媛媛共同编写了第 4 章；南京技师学院的刘慧编写了第 5 章；深圳技师学院的周晓宏编写了第 2 章和附录；北京联合大学的昝华对全书进行了统稿。

西门子（中国）有限公司的杨轶峰、刘睿、徐超、陈伟华，北京市工业技师学院的张献锋、肖鹏以及数控技师班的学生对本书编写提供了帮助和大力支持，在此表示诚挚的感谢！

限于作者的技术水平，本书虽经反复推敲和校对，但仍难免存在不足和疏漏之处，恳请广大读者批评指正。

编　者

目录
CONTENTS

第5章　数控车削拓展编程与操作 ·· **145**

附录 ·· **174**

第1章
CHAPTER 1

机床数字化发展方向

  机械制造业是国民经济的支柱产业。没有发达的制造业，就不可能有国家的真正繁荣和富强。制造业的发展规模和水平，则是国民经济实力和科学技术水平的重要标志之一。加入 WTO 以后，我国的制造业得到了迅猛发展，并逐步成为世界的制造业中心。今天，我国制造业在传统中低端制造业的基础上正实现产业升级，急需大量的高等级应用型人才。

  数控机床集计算机技术、自动控制技术、自动检测技术和精密机械等高新技术于一体，涉及多学科的相关知识。数控车床属于典型的数控机床之一，能完成各种回转体零件的加工，从生产工艺的角度上来说，属于连续切削、高速加工的范畴，适应性非常广。在不同的生产领域有不同的应用，尤其是在机械加工自动化领域，数控车床的应用非常广泛。无论单机操作还是批量加工，都与制造业的生产形式息息相关。随着数控技术朝着高精度、高速度、高柔性、高可靠性和复合化方向发展，许多新知识、新技术、新方法和新工艺相继出现。

  在机床数字化领域，通过给数控车床安装机械手，能实现自动装夹料，大大提高了生产效率，同时减轻了工人的劳动强度。装备机械手的数控车床在机加工自动化生产线中应用已经成为一种发展趋势。在机床数字化环境下的生产制造管理系统，还可以对数控车床进行刀具寿命管理，进行多产品切换加工。

  这要求从事数控机床操作的人员不仅具备多学科的基础知识，还要不断地进行知识更新。因此，在学习数控车削之前有必要了解一下与推动制造业发展的智能制造领域直接相关的背景和前沿技术，尤其是机床数字化知识，以便更好地适应岗位对人才的要求。

  机床数字化是机床最终用户和机床制造厂商应对市场需求的变化等诸多挑战，降低成本，提高生产质量、生产灵活性和生产效率，缩短客户和市场需求响应时间，开创全新、创新业务领域，提升市场竞争力的利器。图 1-1 所示为以西门子提供的基于针对"机床最终用户"和"机床制造厂商"两种不同维度的机床制造业数字化解决方案（基于机床制造业车间数字化 IT 框架）。

1.1 机床最终用户数字化解决方案

  针对机床最终用户，要了解什么是涵盖整个产品生命周期的全数字化方案（图 1-2），它涉及产品设计、生产计划、生产工程、生产制造及服务五大环节。用户可以使用 NX-CAD 和 NX-CAM 来高效、精确地设计从产品研发到零件生产的全部过程。此外，所有环节基于统一的数据管理平台 Teamcenter 共享数据，互相支持和校验，实现设计产品和实际产品的高度一致，数字化双胞胎在整个过程中发挥着重要作用。

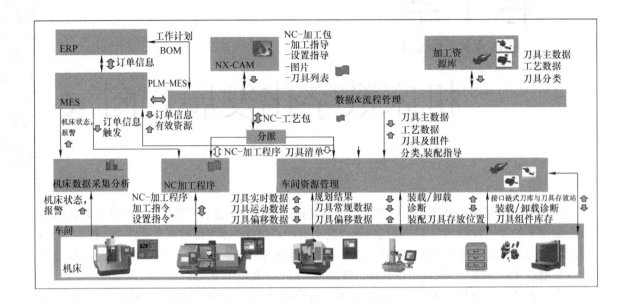

图 1-1 机床制造业车间数字化解决方案

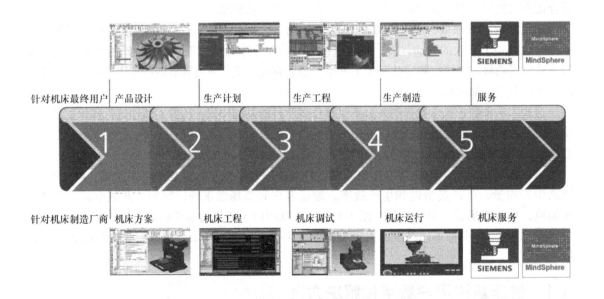

图 1-2 "机床最终用户"和"机床制造厂商"不同维度数字化解决方案

（1）产品设计阶段 在产品设计阶段，依托 CAD 软件可以协助用户方便、高效地完成五轴加工工件的三维模型设计，如图 1-3 所示。

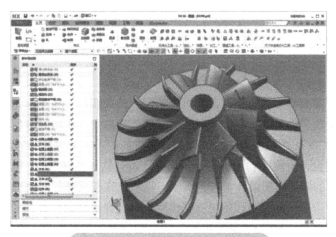

图 1-3　CAD 软件完成的三维模型

（2）生产计划阶段　在生产计划阶段，基于产品生命周期管理系统 Teamcenter 软件中的工件工艺规划模块 Part Planner，可以协助用户进行科学、透明、可追溯的资源规划，包括工件加工所需的机床、夹具、刀具等。

（3）生产工程阶段　在生产工程阶段运用数字化双胞胎——虚拟机床技术，如图 1-4 所示。在 CAM 软件帮助用户快速创建加工所需的加工程序、刀具清单等基础上，在实际加工之前，凭借基于 CAM 和 VNCK（虚拟 840D sl 数控系统）集成构建的虚拟机床，与真实五轴机床近乎 100% 仿真加工各种复杂零件，提前验证 NC 加工程序的正确性。同时，发现并且规避可能的机械干涉和碰撞，精确预知生产节拍，为后续生产执行阶段的实际工件在真实机床上的加工提供安全保障，缩短试制时间，使机床加工在早期就实现最优化，最大限度提高工件加工表面质量和提升产能。

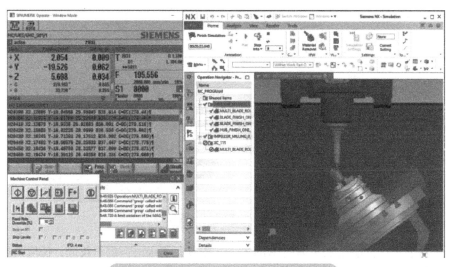

图 1-4　数字化双胞胎——虚拟机床技术

另外，数字化的支柱是全部机床设备的网络化丰富的车间资源管理软件 SINUMERIK Integrate 模块为该过程提供高效、透明的车间资源管理软件和刀具管理软件，让加工所需刀具的库存数量和存放位置一目了然，刀具安装、实际尺寸的测量和数据的输入方便可靠，使原本复杂的切削刀具管理变得清晰可控，进而提高资源利用率和灵活性，极大地减少刀具库存成本。使用机床性能分析软件可以实时采集机床状态，完美地显示和分析机床的整体设备效率 (OEE)、可用性，并且可以将这些数据上传到制造执行系统（MES）用于生产安排，从而使机床产能最大化。

1.2 机床制造厂商数字化解决方案

对于机床制造厂商而言，从机床方案、机床工程、机床调试、机床运行直至机床服务的整个产品生命周期应用全数字化方案。在机床开发周期的最初阶段，机床制造厂商可以使用机电一体化概念设计软件（MCD），根据系统工程原则跟踪客户的要求，完成机床的设计。

（1）在机床方案设计阶段　利用机电一体化概念设计软件（MCD），机械工程师可进行设备的三维形状和运动学的详细建模设计，可为机床工程和机床调试准备好模型。

（2）在机床工程阶段　电气工程师可根据模型数据选择最佳的传感器和执行器等。例如，从机电一体化概念设计软件（MCD）里导出数据到电动机驱动等选型软件中，进行电动机选型和系统配置。

（3）在机床调试阶段　在机床进入物理生产之前，软件编程人员可以根据模型数据设计机械的基本逻辑控制的虚拟行为（图1-5），并结合真实的开放型数控系统（以 SINUMERIK 840D sl 为例）和机床的三维模型进行虚拟调试，实现和实际物理机床一模一样的整个机床的调试、测试和功能验证。

以上3个阶段，机械、电气和软件设计人员并行协同工作，并可对设计概念进行仿真、评估、验证，提前验证设计需求的合理性及可行性，避免方案设计上的错误和经济损失，并缩短多达50% ~ 65% 的实际调试时间，大大提高了产品研发速度和缩短设计周期。

图1-5　数字化双胞胎——虚拟调试技术

另外，借助集成自动化 TIA 博图 WinCC，无须具备高级语言编程技能，任何熟悉工艺的专业人员都能创建用于操作和监视的机床界面，使机床操作变得简单、高效，并满足个性化的要求。凭借机床管理软件（如 ManageMyMachines）可以轻松、快速地将数控机床与云平台（如 MindSphere 等）相连，实时采集、分析和显示相关机床数据，使用户能清晰地了解机床的当前以及历史运行状态，从而为缩短机床停机时间、提高生产产能、优化生产服务和维修流程以及预防性维护提供可靠依据，实现高端制造业的重要途径。

第2章
CHAPTER 2

数控车削技术基础

2.1 数控车削技术综述

2.1.1 数控车床的用途

图 2-1 所示为数控车床，它是目前国内使用极为广泛的一种数控机床，约占数控机床总数的 25%。数控车床主要用于加工各种轴类、套筒类和盘类零件上的回转表面。数控车床加工零件的尺寸精度可达 IT5 ~ IT6，表面粗糙度值在 $Ra1.6\,\mu m$ 以下。

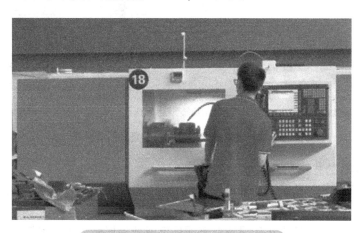

图 2-1　配置西门子系统的数控车床

数控车床能对轴类或盘类等回转体零件自动地完成内外圆柱面、圆锥面、圆弧面和直、锥螺纹等的切削加工，并能进行切槽、钻、扩和铰等工作。图 2-2 所示为数控车床车削加工的产品。

图 2-2　数控车床车削加工的产品

2.1.2　数控车床的分类

数控车床品种繁多，常见的分类方法如下。

（1）按数控系统的功能分类（图2-3）

1）经济型数控车床。一般采用半闭环系统（也有一些采用开环伺服系统），此类车床结构一般是在普通车床的基础上发展起来的，其结构简单、价格低廉，常配置的系统有西门子808D的低配版本等。

2）全功能型数控车床。通常采用半闭环控制系统，一般都是斜床身，具有高刚度、高精度和高效率等特点。以卧式数控车床为例，一般含有两个移动轴——X轴和Z轴，还可以另配一个分度轴C轴，常配置的系统有西门子808D的高配版本或828D基础版本等。

3）车削中心。车削中心的机械结构大体近似为全功能数控车床主体（机械结构得到了加强），还可以配置一个移动轴Y轴，所有的轴可以实现联动。伺服系统一般采用半闭环或者全闭环系统。在硬件上，配置铣削主轴、刀库、换刀装置、分度装置、铣削动力头和机械手等，实现多工序的复合加工的机床，在工件一次装夹后可完成回转类零件的车、铣、钻、铰、攻螺纹等多种加工工序，其功能全面，但价格较高。常配置的系统有西门子828D高配置版或840D sl系统等。

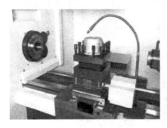  

a)经济型数控车床　　　　b)全功能型数控车床　　　　c)车削中心

图2-3　数控车床按照功能的复杂程度分类

（2）按加工零件的装夹方式分类

1）卡盘式数控车床。这类车床未设置尾座，适于车削盘类零件。其夹紧方式多为电动或液压控制，卡盘结构多数具有卡爪。

2）顶尖式数控车床。这类车床设置有普通尾座或数控尾座，适合车削较长的轴类零件及直径不太大的盘、套类零件。

（3）按主轴的配置形式分类

1）卧式数控车床。其主轴轴线处于水平位置，它又可分为水平导轨卧式数控车床和倾斜导轨卧式数控车床（其倾斜导轨结构可以使数控车床具有更好的刚性，并易于排屑）。

2）立式数控车床。其主轴轴线处于垂直位置，并有一个直径很大的圆形工作台，供装夹工件用。这类机床主要用于加工径向尺寸大、轴向尺寸较小的大型复杂零件。

具有两根主轴的数控车床称为双轴卧式数控车床或双轴立式数控车床。

（4）按刀架布置位置分类　对于卧式数控车床，车刀刀架布置位置可以分为以下几种。

1）前置刀架布置（图2-4a）。对于多数经济型数控车床来说，前置刀架布置是一种常见的形式。刀架位于操作者和加工工件之间，或者说刀架靠近操作者。车床床身为平床身。本书各章讲述的加工编程与案例工艺分析皆以前置刀架布置的车床展开。

2）后置刀架布置（图2-4b）。对于全功能型数控车床，后置刀架布置是一种常见的形式。刀架位于操作者、加工工件之外，或者说刀架远离操作者。车床床身为斜床身。

3）排刀式刀架布置（图2-4c）。排刀式数控车床的特点是配置排刀式刀架，一般为小规格数控车床，以加工棒料为主。它的结构形式为夹持着各种不同用途刀具的刀夹沿着机床的 X 坐标轴方向排列在横向滑板上。

a)前置刀架布置　　　　　　　　b)后置刀架布置　　　　　　　　c)排刀式刀架布置

图2-4　数控车床刀架布置

2.1.3　数控车床的组成及布局

（1）数控车床的组成　数控车床通常由以下几个部分组成。

1）主机。它是数控车床的机械部件，包括床身、主轴箱、刀架、尾座、进给机构等。

2）数控装置。它是数控车床的控制核心，其主体是有数控系统运行的一台计算机（包括CPU、存储器、液晶屏等），内装数控系统软件。

3）伺服驱动系统。它是数控车床切削工作的动力部分，主要实现主运动和进给运动，由伺服驱动电路和伺服驱动装置组成。伺服驱动装置主要有主轴电动机和进给伺服驱动装置（步进电动机或交、直流伺服电动机等）。

4）辅助装置。辅助装置是指数控车床的一些配套部件，包括液压装置、气压装置、冷却系统、润滑系统和排屑装置等。

由于数控车床刀架的纵向（ Z 向）和横向（ X 向）运动分别采用两台伺服电动机驱动经滚珠丝杠传到滑板和刀架，不必使用挂轮、光杠等传动部件，所以它的传动链短。多功能数控车床采用直流或交流主轴控制单元来驱动主轴，它可以按控制指令做无级变速，与主轴间不需要再用多级齿轮副来进行变速，其主轴箱内的结构也比普通车床简单得多。因此，数控车床的结构大为简化，其精度和刚度大大提高。

（2）数控车床的布局　数控车床的布局形式与普通车床基本一致，但数控车床的刀架和导轨的布局形式有很大变化，直接影响着数控车床的使用性能及机床的结构和外观。此外，数控车床上都设有封闭的防护装置。

1）床身和导轨的布局。数控车床床身导轨水平面的相对位置如图2-5所示。

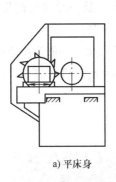 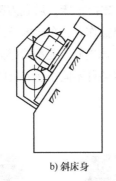 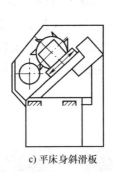 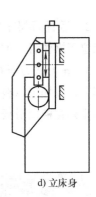

a) 平床身　　　　　b) 斜床身　　　　c) 平床身斜滑板　　　　d) 立床身

图2-5　数控车床床身导轨水平面的相对位置

① 图 2-5a 所示为平床身的布局。它的工艺性好，便于导轨面的加工。水平床身配上水平放置的刀架，可提高刀架的运动精度。这种布局一般可用于大型数控车床或小型精密数控车床上。但是水平床身由于下部空间小，故排屑困难。从结构尺寸上看，刀架水平放置使滑板横向尺寸较长，从而加大了机床宽度方向的结构尺寸。

② 图 2-5b 所示为斜床身的布局。其导轨倾斜的角度分别为 30°、45°、60° 和 75° 等。当导轨倾斜的角度为 90° 时，称为立床身，如图 2-5d 所示。倾斜角度小，排屑不便；倾斜角度大，导轨的导向性及受力情况差。其倾斜角度的大小还直接影响机床高度与宽度的比例。综合考虑以上因素，中小规格数控车床床身的倾斜度以 60° 为宜。

③ 图 2-5c 所示为平床身斜滑板的布局。这种布局形式一方面具有水平床身工艺性好的特点，另一方面机床宽度方向的尺寸较水平配置滑板的要小且排屑方便。

平床身斜滑板和斜床身的布局形式在中、小型数控车床中普遍采用。这是由于这两种布局形式排屑容易，热切屑不会堆积在导轨上，也便于安装自动排屑器；操作方便，易于安装机械手，以实现单机自动化；机床占地面积小，外形美观，容易实现封闭式防护。

2）刀架的布局。分为排刀式刀架和回转刀架两大类。目前，两坐标联动数控车床多采用回转刀架，它在机床上的布局有两种形式。一种是用于加工盘类零件的回转刀架，其回转轴垂直于主轴。图 2-6 所示为四工位刀架，电动锁紧。另一种是用于加工轴类和盘类零件的回转刀架，其回转轴平行于主轴。图 2-7 所示为常见的数控车床配置的液压刀塔，一般有 6~12 个工位，依锁紧方式不同又分为电动锁紧和液压锁紧。

图2-6　数控车床配置的四工位刀架　　　　图2-7　数控车床配置的液压刀塔

目前，国内数控刀架以电动为主，分为立式和卧式两种。立式刀架有四、六工位两种形式，主要用于经济型数控车床；卧式刀架有八、十、十二等工位，可正、反方向旋转，就近选刀，用于全功能数控车床。另外，卧式刀架还有液动刀架和伺服驱动刀架。电动刀架是数控车床重要的传统结构，合理地选配电动刀架，能够有效地提高劳动生产率、缩短生产准备时间、消除人为误差、提高加工精度等。

2.1.4 数控车削类机床的结构

（1）数控车床的结构 图2-8所示为典型数控车床的机械结构系统组成，包括主轴传动机构、进给传动机构、刀架、床身、辅助装置（刀具自动交换机构、润滑与切削液装置、排屑器、过载限位）等部分。

数控车床换刀常用刀架，其机械结构还包括卡盘、尾座等，但数控车床一般没有工作台。工件由主轴带动回转，刀架移动装置一般采用滚珠丝杠副。带有刀库、动力刀具、C轴控制的数控车床通常称为车削中心，如图2-3c所示。车削中心是在数控车床基础上发展起来的一种加工中心，它设置有刀库和自动换刀装置（ATC）。

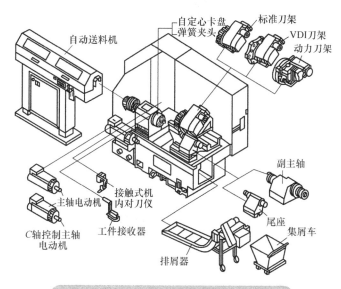

图2-8 典型数控车床的机械结构系统组成

（2）车铣复合加工中心 车铣复合加工中心（图2-9）是机床加工技术复合化、多工艺的一个重要发展方向。原来由于车铣复合加工中心的设备价格昂贵，同时受困于车铣复合中心编程复杂，对于一些零件的加工，许多企业设备选型大多采用"五轴机床＋数控车"的方式来解决，但是不可避免地增加了工序的复杂程度和重复定位误差。

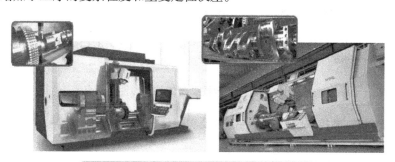

图2-9 车铣复合加工中心及典型产品零件

目前，随着高档数控系统人机对话图形三维显示的出现，加之机床的不断更新与发展及市场竞争，车铣复合加工中心的成本越来越接近五轴机床，编程也越来越简便、直观，特别是车铣复合采取车铣联动，属于高效加工范畴，在航空航天、船舶、医疗器械、能源等相关行业大量使用，在普通民用行业普及性也不断提升。

2.2 西门子车削数控系统应用

（1）西门子数控系统的发展历程　西门子数控系统的发展历程如图 2-10 所示。

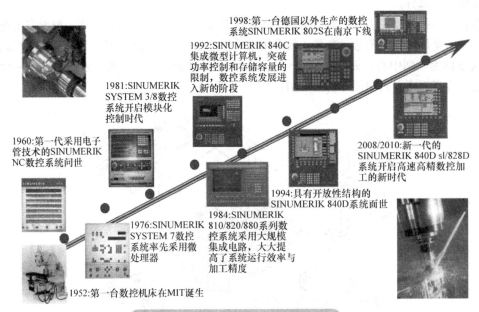

图 2-10　西门子数控系统的发展历程

西门子数控系统的种类和性能特点如图 2-11 所示。

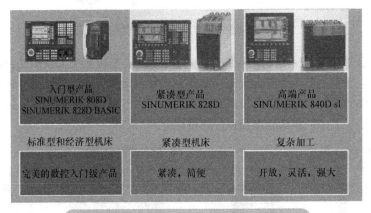

图 2-11　西门子数控系统的种类和性能特点

（2）西门子 828D 数控系统基本产品参数及功能简介

1）西门子 828D 数控系统基本产品参数。

① 基于操作面板的紧凑型数控系统。

② 适用车削、铣削和齿轮加工。

③ 多达 10 轴 / 主轴和 2 辅助轴，最高可以达到五轴四联动。

④ 两个加工通道，10.4in/15.6in（1in=0.0254m）彩色显示屏，S7-200 PLC。

2）西门子 828D 数控系统功能介绍。

① 在支持车削工艺的功能方面：丰富的铣削、车削、钻削工艺循环；扩展系统卡用户存储空间，DXF Reader 图样转化功能，EES 从外部存储器执行程序，在线测量循环；灵活便捷的端面和柱面转换，三维模拟，实时模拟；Shop Turn 工步编程，剩余材料检测和加工，扩展操作功能，平衡切削功能，多通道同步编程。

② 在支持车削操作的功能方面具备快捷简便的手动工件、刀具设置和测量功能，丰富、强大的刀具管理功能。

③ 在支持车削工艺的二次开发方面具备斜轴功能、同步主轴功能、自适应摩擦补偿功能、双向螺距丝杠误差补偿、多维垂度补偿功能。

2.3 西门子车削数控系统操作准备

2.3.1 熟悉 SINUMERIK 828D 数控车床系统

（1）操作面板 西门子 828D 数控车床操作面板如图 2-12 所示。

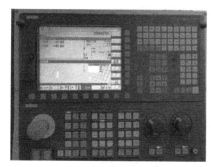
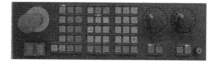

a)面板操作单元　　　　　　　　　　b)机床控制面板

图 2-12　西门子 828D 数控车床操作面板

（2）系统功能界面 西门子 828D 数控车床系统功能界面如图 2-13 所示。

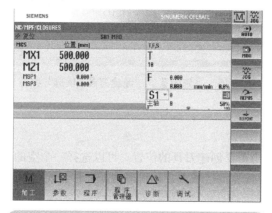

图 2-13　西门子 828D 数控车床系统功能界面

2.3.2　创建数控车床系统刀具表

（1）数控车床系统的刀具列表　刀具列表如图 2-14 所示。刀具列表中显示了创建、设置刀具时必需的所有参数和功能。通过刀具名称和备用刀具编号可以唯一标识每件刀具。在刀具显示时，即刀沿位置显示时以机床坐标系为基准。

（2）创建新刀具的步骤　创建新刀具时，按〖新建刀具〗软键，弹出"新建刀具 - 优选"界面（图 2-15），显示系统内置的常用车削刀具类型。如果需要的刀具类型不在优选表中，可以通过相应的软键选择所需的铣削、钻削、车削或者特种刀具。

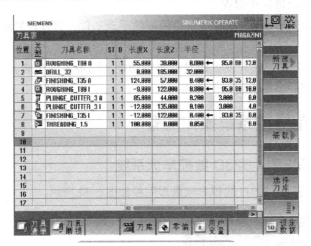

图 2-14　系统刀具列表

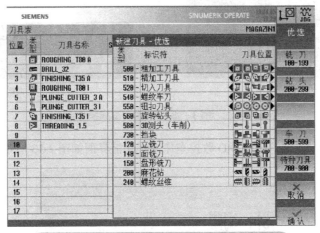

图 2-15　系统内置的"新建刀具 - 优选"界面

1）操作步骤。

① 打开刀具列表。

② 将光标置于刀具表中需要创建刀具的位置。可以选择一个空的刀位或者选择刀库外的 NC 刀具存放器。在 NC 刀具存放器的区域内，也可以将光标移至现存的刀具上。不覆盖显示的刀具数据。

③ 创建新刀具。要创建优选列表中没有的刀具，可根据创建刀具的类型按相应软键〖铣刀

100-199〗〖钻头 200-299〗〖车刀 500-599〗或者〖特种刀具 700-900〗，相应地，打开"新建刀具 - 铣刀"、"新建刀具 - 钻头"、"新建刀具 - 车刀"或"新建刀具 - 特种刀具"窗口。按〖车刀 500-599〗软键后显示可供选择的内置刀具类型见图 2-15。

④ 将光标移至相应的刀具类型和所需刀沿位置的符号上，可进行刀具选择。通过按【◄】光标键向左或按【►】光标键向右来选择需要的刀沿位置。

⑤ 按〖确认〗软键。

2）收刀。用预定名称将该刀具收入刀具列表中。如果刀具列表中的光标位于空的刀库位置，则将该刀具装载到该刀库位置上。

（3）本书加工编程案例训练所使用刀具的创建　本书各章中加工编程配置刀具及几何参数（前置刀架安装）汇总于表 2-1 中。车刀刀尖方位号的规定如图 2-16 所示，输入系统刀具表的示例如图 2-17 所示。

表 2-1　本书各章中加工编程配置刀具及几何参数（前置刀架安装）

刀具编号	刀具名称	刀具几何参数							说明
		长度 X /mm	长度 Z /mm	半径 /mm	刀尖方位	主偏角/刃宽	刀尖角	刃长 /mm	
T1	粗加工刀具 _W	90.00	39.00	0.80	3	93°	80°	12.0	
T2	精加工刀具 _W	124.00	57.00	0.20	3	93°	35°	11.0	
T3	切入刀具 _N	−12.00	135.00	0.20	1 或 2	3		3.0	刃宽 3mm
T4	切入刀具 _W	105.00	44.00	0.20	3 或 4	4		7.0	4mm（D_1）
	切入刀具 _W	85.00	40.00	0.20	3 或 4	4		8.0	4mm（D_2）
T5	粗加工刀具 _N	−16.00	111.00	0.80	2	93°	80°	9.0	ϕ16mm 刀杆
T6	精加工刀具 _N	−16.00	122.00	0.40	2	93°	35°	11.0	ϕ16mm 刀杆
T7	粗加工刀具 _W	114.00	48.00	0.8	3	93°	35°	16.0	车抛物线
T8	精加工刀具 _W	124.00	54.00	0.2	3	93°	35°	11.0	车抛物线
T9	螺纹车刀 _W	100.00	46.00	0.05	8			3.0	
T10	螺纹车刀 _N	−16.00	52.00	0.05	6			3.0	ϕ16mm 刀杆
T11	麻花钻	0.00	160.00	22	7	118°			ϕ22mm
T12	中心钻	0.00	180.00	4	7	120°			A4

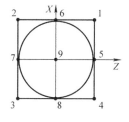

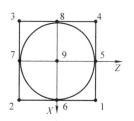

a) 后置刀架安装刀具　　　　　b) 前置刀架安装刀具

图 2-16　数控车削系统对刀具刀尖方位号的规定

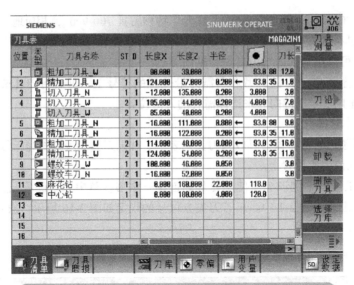

图 2-17　本书各章编程训练需使用的刀具填入刀具表示例

2.3.3　加工零件的试切准备

在进行台阶轴零件试切之前，对加工工艺过程要有充分的了解，对编制的加工程序进行细致检查并进行模拟加工，运行无误后可以开始进行工件的试切加工。

在开始零件实物试切加工前，必须执行以下操作任务。

1）返回参考点。打开控制系统后，在执行工作计划或者手动进给前必须使机床回参考点（针对配置增量编码器的数控车床）。由于回参考点的设置取决于机床类型和机床制造商，因此这里仅列出一般注意事项：

① 根据机床制造商的说明，精确地执行回参考点。

② 必要时可以将刀具移动至工作区域中的某一位置，确保从此位置出发可向各个方向安全运行。

2）润滑机床主轴及导轨。以较低转速启动机床主轴运转约10min。启动机床导轨润滑运行程序，润滑导轨约10min。

3）夹紧工件。为了确保加工尺寸准确和生产安全，必须将工件牢牢夹紧。

4）正确安装刀具。为了确保加工尺寸准确和生产安全，必须正确安装刀具并夹固好。

5）调出加工程序。在程序管理器中选择需要加工的程序并打开，如 TJZ_01.MPF。

6）设置工件零点。在 Z 轴上确定工件零点。在 Z 轴上大多通过将计算过的刀具对刀来测定工件零点。核对系统中坐标系零点中的存储数值是否与加工程序所编制的代号吻合。

7）机床已就绪，工件已设定，刀具已校正后还要执行以下操作：

① 因为零件尚未加工过，必须将进给倍率开关设置为"0"，从而保证在开始时一切都在控制中。

② 车床主轴转速控制开关选择合适的倍率位置。

③ 如需在加工的同时查看模拟视图，必须在启动前选择软键实时记录，随后才会同时显示所有的进给路径及其效果图。

④ 首先选择单步加工模式进行试切，启动加工程序后，每运行一步都要核对下一步的坐标

位置，以免发生碰撞等情况。

8）执行试切加工。启动加工程序开始加工，并使用进给倍率开关调整刀具移动的速度。

9）检验试切加工后测量加工尺寸是否符合工艺尺寸或图样尺寸要求。

2.4 数控车床加工操作"入门基础"

"入门基础"旨在通过介绍数控车削系统人性化的界面操作流程，帮助读者快速了解常用的对刀和新建（或选择）加工程序及执行操作。

2.4.1 测量刀具

测量刀具一般也称为"对刀操作"，是应当在数控车床开机后并确认机床坐标系已经生效后开始的操作过程。其主要操作步骤如下。

（1）"测量刀具"的准备工作

1）按机床操作面板上的【JOG】键，将待测量的刀具（如粗加工刀具T1）调至车削加工位置，即成为当前刀具，确认刀沿号，如默认认为D1，如图2-18所示。

2）车床主轴以合适的转速旋转。

3）按水平功能软键中的〖测量刀具〗软键，然后按〖手动〗软键，进入"测量刀具"手动操作界面，如图2-19所示。

图 2-18　激活当前刀具界面

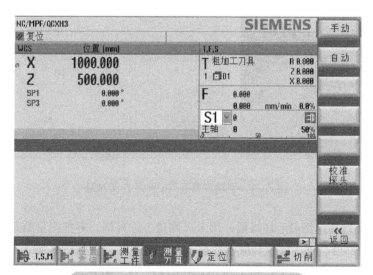

图 2-19　进入"测量刀具"手动操作界面

（2）"测量刀具"的零件试切工作

1）先对 Z 方向，按〖Z〗软键，如图 2-20 所示。使用手轮移动刀具，车削毛坯端面见平，在图 2-20 所示的"Z"框中输入"0.000"，并按〖设置长度〗软键，此时对应车刀刀尖的 Z 轴坐标位置会自动写入"刀具数据"栏的"Z"显示栏中，即完成"粗加工刀具 T1"的 Z 方向对刀。

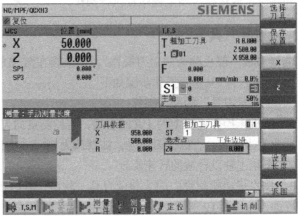

图 2-20　手动测量刀具——Z 方向对刀

2）继续完成 X 方向对刀。同样进入手动测量刀具，按〖X〗软键，如图 2-21 所示。

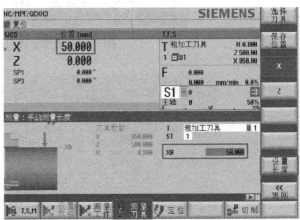

图 2-21　手动测量刀具——X 方向对刀

使用手轮移动刀具，切削毛坯外圆，用卡尺测量工件外圆，并把测量结果输入图 2-21 所示的"X"位置输入栏里。按〖设置长度〗软键，此时对应车刀刀尖的 X 轴坐标位置会自动写入"刀具数据"栏的"X"显示栏中，即完成"粗加工刀具 T1"的 X 方向对刀操作。

"粗加工刀具 T1"完成对刀操作，图 2-20 和图 2-21 所示刀具数据已经自动写入当前激活的刀具"长度X"和"长度Z"里面，如图2-22所示。

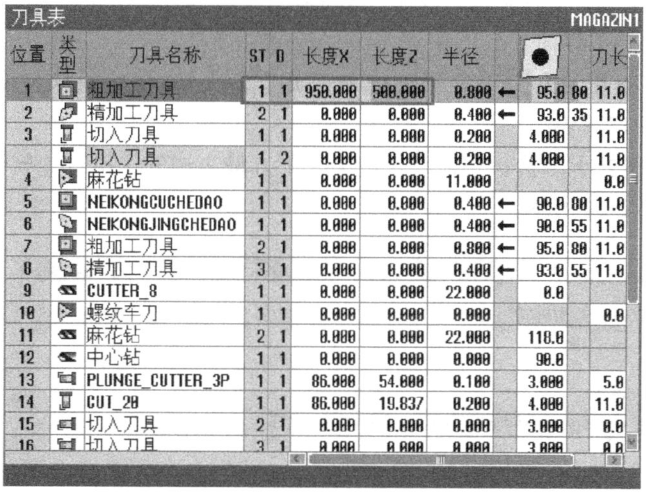

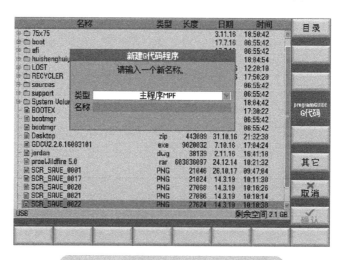

图2-22　刀具列表里的"长度X"和"长度Z"

2.4.2　程序编辑与运行

（1）新建加工程序

1）按键盘上的程序管理键【  】，进入程序管理窗口。

2）进入程序管理界面，按界面右边的〖新建〗软键，在弹出的"新建G代码程序"窗口中输入要编写的加工程序名称（不含中文），主程序以".MPF"为后缀，子程序以".SPF"为后缀，如图2-23所示。按右下方的〖确认〗软键，即可进入新建加工程序的编辑界面。

本书案例的加工程序名均由汉语发音的大写拼音字符构成。加工程序文件名则由对应的表号（或图号）与加工程序名构成。

如果是已有的加工程序，则打开该程序，即可对加工程序进行编辑。

图2-23　在新建程序界面中创建主程序

（2）运行加工程序

1）用光标键选中加工程序后，不必打开该程序，按屏幕右侧的〖执行〗软键，即可直接进入"自动方式"下的加工界面。

2）打开主轴倍率开关【　】和进给倍率开关【　】，直接按机床控制面板上的系统运行【　】键，即可运行加工程序。

3）如果加工程序处于编辑状态，直接按屏幕下方最右边的〖执行〗软键，也可以自动进入程序执行状态，如图 2-24 所示。

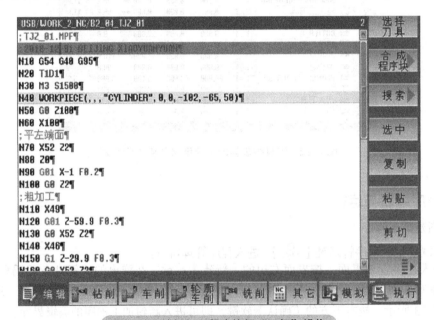

图 2-24　编辑加工程序执行"运行"操作

▶第3章
CHAPTER 3
数控车削基础编程与操作

3.1 常用编程指令格式（1）

本节学习内容如下。

1）G00、G01 指令格式及释义。

2）CHF、CHR 简化倒角指令格式及释义。

3）G33 螺纹车削指令格式及释义。

4）G90、G91 编程尺寸设定指令及释义。

5）M03、M04、M05、S 主轴运行指令及释义。

6）G17、G18、G19 加工平面设定指令及释义。

SIEMENS 828D 数控系统提供了丰富、有特点、操作便捷的基本指令，为加工编程带来了方便，实现了数控加工程序编制的便捷性、易操作性和高效性。

本节加工编程中使用的基本指令释义如下。

（1）直线插补指令 G00、G01

指令格式：G00 X____Z____   ；G00 快速点定位

指令格式：G01 X____Z____F____   ；G01 直线插补

示例：编写图 3-1 所示图形的加工程序。

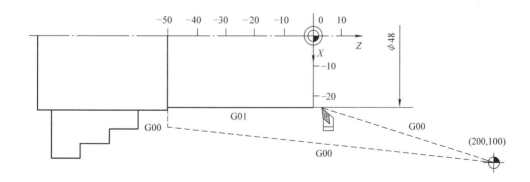

图 3-1　直线插补车削轨迹

编程指令：

…

G00 X48 Z3   ；快速接近切入点

G01 Z-50 F0.2   ；以 0.2mm/r 的进给量，水平切削至 Z-50 位置

G00 X52   ；快速沿 X 轴方向离开工件外表面

X100 Z200   ；快速返回换刀点

…

（2）简化倒角指令 CHF、CHR

指令格式：G01X CHF=   ；CHF 指标注的斜边长度，释义见图 3-2

指令格式：G01X CHR=   ；CHR 指直线端点至延长线交点长度

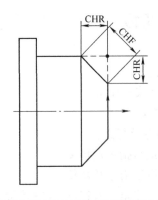

图 3-2　CHR 与 CHF 释义示意图

简化倒角编程方法一般适用于在零件图样中倒角或斜边图素没有给出其基点坐标，但标注了前后两条直线交点坐标的尺寸标注形式。在实际编程中因减少了编程者的数学计算工作量、缩短了程序段、编程快捷而深受编程者喜爱，并被广泛应用。

指令格式：G33 Z____ K____ SF=____   ；G33 螺纹车削指令

（3）螺纹车削指令 G33

Z：螺纹切削长度，Z 向的终点坐标。

K：螺纹的螺距。

SF：螺纹起点偏移（仅用于多线螺纹），起点偏移用角度值指令。取值范围为 0.0000° ~ 359.999°，不允许使用负值。

（4）编程尺寸设定指令 G90、G91　设定了运行点在当前坐标系中的位置关系。

G90：直角坐标系的绝对尺寸编程。

指令功能：在绝对尺寸中，当前位置数据取决于当前有效坐标系的零点，即对刀具应当运行到的绝对位置进行编程。

G91：直角坐标系的相对尺寸编程。

指令功能：在增量尺寸中，当前位置数据取决于前一个点位置，即增量尺寸用于刀具运行了距前一点距离的编程。

（5）主轴运行指令 M03、M04、M05、S　设定主轴旋转方向和转速，可使主轴旋转或停止。

M03：主轴沿顺时针方向旋转。

M04：主轴沿逆时针方向旋转。

M05：主轴停止。

S：主轴的转速（单位：r/min）。

例如，M03 S900，表示主轴正转，转速为900r/min；M04 S900，表示主轴反转，转速为900r/min。

（6）加工平面选择指令G17、G18、G19

G17：选择XY平面，一般用于经济型数控车床的车削加工编程。

G18：选择ZX平面，一般用于经济型数控车床的端面钻孔加工编程。

G19：选择YZ平面。

在SINUMERIK 828D的默认设置中，车削工艺加工平面选择指令是G18（ZX平面）。

本章以直环槽轴零件（图3-3）为载体，分7节介绍该零件的外轮廓（外圆）、外沟槽、外螺纹、端面钻孔、内轮廓（内孔）、内沟槽和内螺纹加工要素的数控加工程序编制及注意事项。

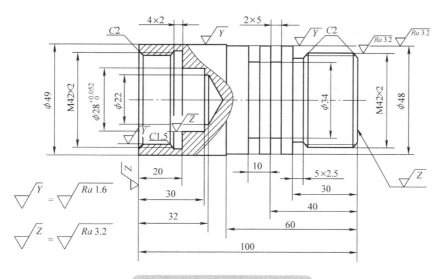

图3-3 直环槽轴零件加工尺寸

3.2 直环槽轴零件外轮廓（外圆）加工编程

本节学习内容如下：

1）G00、G01、CHF、CHR简化倒角等基本指令应用。

2）应用基本指令编制台阶轴加工程序案例分析。

3）台阶轴毛坯设置程序段的编制。

4）车削循环（CYCLE951）指令释义及台阶轴加工程序编制案例分析。

5）SINUMERIK 828D数控车削系统加工程序编制的流程。

台阶轴零件由 ϕ48mm × 30mm 和 ϕ42mm × 30mm（包含倒角C2）两个外圆柱体组成，未标注尺寸公差值，如图3-4所示。

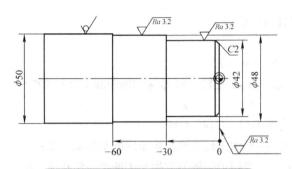

图 3-4　直环槽轴零件台阶轴加工尺寸

3.2.1　数控加工工艺分析

（1）台阶轴加工工艺过程　台阶轴零件的数控加工工艺过程见表 3-1。

表 3-1　台阶轴零件数控加工工艺过程

序号	工步名称	工步简图	说明
1	平右端面		右端面 $Ra3.2\mu m$，建立 Z 向加工基准
2	外圆粗加工及倒角 C2		粗车 $\phi48mm \times 30mm$ 外圆至尺寸 $\phi49mm \times 59.9mm$ 和粗车 $\phi42mm \times 30mm$ 外圆至尺寸 $\phi43mm \times 29.9mm$，粗加工 C2 倒角 即 X 向编程余量为 1mm，Z 向编程余量为 0.1mm
3	外圆精加工及右端面工艺倒角		精车 $\phi42mm \times 30mm$ 外圆和 $\phi48 \times 60mm$ 外圆、倒角 C2 至图示尺寸

（2）刀具选择　零件的加工材料为硬铝（2A12），因此选择对应的铝材料切削加工刀具。其中 93° 外圆粗车刀的刀尖圆弧半径为 0.8mm，使用前置刀架数控车床加工，刀尖方位为"3"；93° 外圆精车刀的刀尖圆弧半径为 0.2mm，刀尖方位为"3"。切削参数（参考值）见表 3-2。

表 3-2　台阶轴加工刀具及参考切削参数

刀具编号	刀具名称	切削参数			说明
		背吃刀量 a_p/mm	进给量 f/（mm/r）	主轴转速 /(r/min)	
T1	粗加工刀具 _W	1.5	0.3	1500	93°、80°
T2	精加工刀具 _W	0.5	0.1	2000	93°、55°

（3）夹具与量具的选择

1）夹具。选用自定心卡盘。

2）量具。选用的量具见表 3-3。

表 3-3　直环槽零件外螺纹加工中的测量量具

序号	量具名称	量程 /mm	测量位置	备注
1	游标卡尺	0~150	外径粗测量、长度测量	精度 0.02mm
2	钢直尺	150	毛坯装夹伸出长度	——

（4）零件加工毛坯　台阶轴零件的毛坯选择切削性能较好的硬铝，材料牌号为 2A12；毛坯尺寸为 ϕ50mm × 100mm。

（5）编程原点设置　台阶轴由典型的棒料毛坯型材车削加工。若仅一次装夹，建议将工件坐标系原点设置在台阶轴右端（G54）。即将工件坐标系原点设置在轴最右端面所在平面与轴中心线交会处。

3.2.2　基本指令应用分析和编程

（1）基本指令应用分析　分析本节零件图可知，图样要求对右端 ϕ42mm 外圆进行倒角 C2 加工，一般可通过编制 45° 斜线的进给路线实现。该编程方法需要计算出倒角线段的基点坐标，且需多增加一行程序段。应用西门子数控系统提供的 CHF、CHR 简化倒角编程基本指令，若已知两直线的交点坐标即可实现快速编程，便捷且不易出错，提升了编程的效率。本例中，两直线交点坐标为（Z=0，X=42），加工 C2 可以编程为：G01 X42 CHR=2。

（2）基本指令编程　按照台阶轴的加工工艺安排，先粗车 ϕ48mm 外圆，再粗车倒角 C2 和 ϕ42mm 外圆，每层切深 1.5mm（单边）；最后连续精车 ϕ42mm 外圆、C2 倒角、ϕ48mm 外圆。

为便于程序编制，对台阶轴轮廓编程点进行标识，如图 3-5 所示。

应用基本指令编制加工程序对于初学者来说理解较为容易。当轮廓图形比较简单、切削余量较小时，编程较为方便，且程序段较短，优势较为明显。但当切削余量较大，需要多次进给加工时，则编写的程序段较为冗长且容易出错。应用基本指令编制的台阶轴零件加工参考程序见表 3-4。

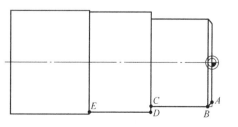

图 3-5　编程点坐标标识示意图

表 3-4　基本指令编制台阶轴零件加工参考程序

;TJZ_01.MPF		程序名：台阶轴加工程序 TJZ_01
;2018–11–01 BEIJING XIAOYUANYUAN		程序编写日期与编程者
N10	G55 G40 G95	系统工艺状态初始化，每转进给方式
N20	T1D1	调用 1 号刀（粗加工刀具 _W），1 号刀沿
N30	M03 S1500	主轴正转，转速为 1500r/min
N40	WORKPIECE(,,,,"CYLINDER",0,0,–102,–65,50)	加工毛坯设置
N50	G00 Z100	快速定位至"安全位置"，先定位 Z 向，
N60	X100	再定位 X 向
;平左端面		
N70	X52 Z2	快速进刀至切削循环起点
N80	Z0	快速进给至工件坐标系 Z 轴"0 点"
N90	G01 X–1 F0.2	工进速度径向切削过轴线 1mm
N100	G00 Z2	快速退刀至切削循环起点
;粗加工		
N110	X49	X 向切削进刀
N120	G01 Z–59.9 F0.3	直线插补 Z 向切削 59.9mm
N130	G00 X52 Z2	快速返回循环起点
N140	X46	X 向切削进刀，背吃刀量为 1.5mm（单边）
N150	G01 Z–29.9 F0.3	Z 向切削长度为 29.9mm
N160	G00 X52 Z2	快速退刀
N170	X39	X 向快速进刀
N180	G01 Z0 F0.3	Z 向直线插补至 Z0
N190	X43CHR=2	X 向切削进刀倒角 C2
N200	Z–29.9	Z 向切削长度为 29.9mm
N210	G00 X52 Z2	快速退刀
N220	X100 Z100	快速返回至"安全位置"
;精加工		
N230	T2D1	调用 2 号刀（精加工刀具 _W），1 号刀沿
N240	M03 S2000	精加工，转速为 2000r/min
N250	G00 Z100	快速定位至"安全位置"，先定位 Z 向，
N260	X100	再定位 X 向
N270	X52 Z2	快速进刀至切削循环起点
N280	X38	X 向进刀
N290	G01 Z0 F0.1	直线插补至精加工起点 A
N300	X42 CHR=2	外轮廓点 B，倒角 C2
N310	Z–30	外轮廓点 C
N320	X48	外轮廓点 D
N330	Z–60	外轮廓点 E
N340	G00 X100 Z100	取消刀补，退回"安全位置"
N350	M05	主轴停转
N360	M30	程序结束

如表 3-4 所列，建议编程者养成使用注释语句的方式在加工程序的前两行写出程序名称、程序编写时间和程序编写人信息（也可以简称为"首行必写程序名"）的习惯。这样的加工程序信息表达方式，能够为加工程序的交流、查阅等操作带来很大的便利。

3.2.3　车削循环指令（CYCLE951）及编程

SINUMERIK 828D 数控车削系统提供了丰富的车削工艺复合循环指令（又称为标准车削循环指令）。车削循环指令是实际生产中完成对典型图形加工编程非常实用的一种工艺策略。灵活使用这些循环指令，可以提升加工编程速度，大大减少编程中的辅助工作。由于这些循环指令汲取了前人的经验，经过反复验证，具有很高的可靠性和安全性。

从表面上看车削循环指令中参数很多，需要指出的是数控系统为循环指令的编程提供了很好的人机对话界面，不需要编程者记忆繁杂的参数（手工编程中的很多计算，刀具轨迹规划等工作都在系统内部自动完成）。这些车削循环指令中很多参数定义、使用方法是一样的，反映在刀具轨迹运行上的很多规律也是一样的，这就为学习和掌握车削循环指令创造了很好的条件。

西门子 828D 数控系统提供了车削循环指令（CYCLE951），可实现单一外轮廓或内轮廓的端面或圆柱面车削加工。图 3-4 所示的台阶轴零件，读者可尝试使用 CYCLE951 进行粗、精加工编程，但在加工轮廓较复杂的零件时不推荐使用。

（1）轮廓车削循环指令（CYCLE951）概述　车削循环指令（CYCLE951）可实现在工件外轮廓或内轮廓的端面或圆柱面上进行切削加工，支持简单直线式车削 █、带倒角或倒圆的直线式车削 █ 以及带倒角或倒圆的斜面式车削 █。在切削拐角时，还可以通过设定数据来限制安全距离，数控系统会采用较小的数值进行加工。在轮廓粗加工中，循环指令会自动切削至编程中所设置的精加工余量位置。如果编程时未设置精加工余量，则一直粗加工切削至最终轮廓。

1）刀具轨迹分析。车削循环指令中包含丰富的车削加工工艺方案。以外轮廓轴向粗加工直角台阶为例，循环指令会根据需要减小编程时设置的最大背吃刀量 D，进行相等尺寸的切削。例如，如果总背吃刀量为 10mm，指定的背吃刀量为 3mm，可能会产生 3mm、3mm、3mm 和 1mm 的切削，循环会自动将背吃刀量减小到 2.5mm，产生 4 次等尺寸切削。刀具路径如下：

① 首先快进到循环内部计算得出的加工循环起点（参考点 + 安全距离）。

② 刀具快进到第一个背吃刀量。

③ 以指定的加工进给量进行第 1 刀车削。

④ 刀具以加工进给量进行倒圆，或者快速退刀。

⑤ 刀具快进到下一个背吃刀量的起始点。

⑥ 以指定加工进给量进行第 2 刀车削。

⑦ 重复第 ④～⑥ 步的过程，直至到达最终尺寸（留有精加工余量）。

⑧ 刀具快进移回到安全距离。

2）车削循环指令（CYCLE951）格式。数控车削系统编译后的车削循环指令（CYCLE951）格式如下：

CYCLE951(REAL _SPD,REAL _SPL,REAL _EPD,REAL _EPL,REAL _ZPD,REAL _ZPL,INT _LAGE, REAL _MID,REAL _FALX,REAL _FALZ,INT _VARI,REAL _RF1,REAL _RF2,REAL _RF3,REAL _SDIS, REAL _FF1,INT _NR,INT _DMODE,INT _AMODE)

车削循环指令（CYCLE951）的各参数较繁杂，但在实际的编程应用中不用记忆，只需参照人机对话界面，理解各参数的含义，按顺序填写必要的参数即可。车削循环指令编程操作界面说明见表3-5，也可参照图3-6进行释义。

表3-5　车削循环指令（CYCLE951）编程操作界面说明

编号	界面参数	编程操作	说明
1	SC	安全距离	刀具与工件之间的安全距离
2	F	设置进给量	
3	加工 ○	可选择"▽"粗加工	"▽""▽▽▽"两种模式可选择
		可选择"▽▽▽"精加工	
4	位置	设置加工位置	可选择正向外轮廓、内轮廓、反向外轮廓、内轮廓、端面轮廓加工等编程模式
5	X0	设置X向轮廓起点	X向轮廓起点
6	Z0	设置Z向轮廓起点	Z向轮廓起点
7	X1 ○	设置X向轮廓终点	轮廓终点坐标可选择"绝对值和相对值"两种模式输入
8	Z1 ○	设置Z向轮廓终点	
9	D	设置最大背吃刀量	设置每次最大背吃刀量
10	UX	设置X向精加工余量	
11	UZ	设置Z向精加工余量	

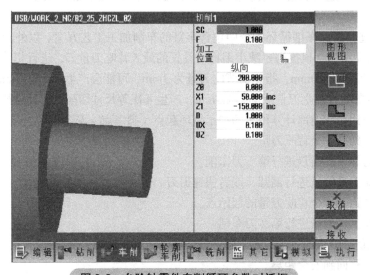

图3-6　台阶轴零件车削循环参数对话框

3）车削加工类型选择。车削循环指令（CYCLE951）功能强大、编程操作便捷，综合考虑各种加工类型，设置了多种切削加工方式，可实现正向内/外轮廓加工、反向内/外轮廓加工、端面切削循环加工等，见表3-6。

表3-6　轮廓车削操作界面参数对话框——加工轮廓与方向选择

加工轮廓与方向：正向外轮廓加工	加工轮廓与方向：正向内轮廓加工
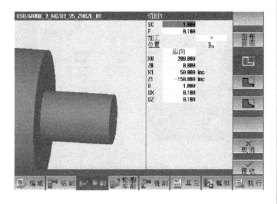	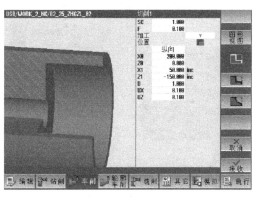
加工轮廓与方向：反向内轮廓加工	加工轮廓与方向：反向外轮廓加工
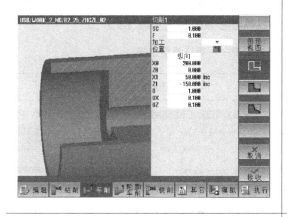	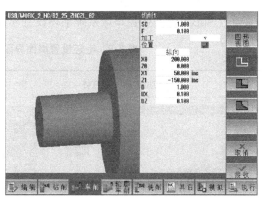
加工轮廓与方向：端面轮廓加工	加工轮廓与方向：正向外轮廓加工
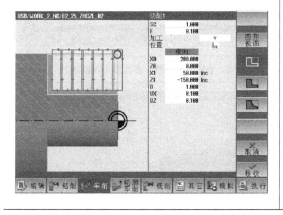	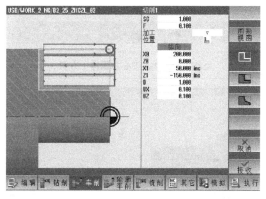

4）车削加工方式选择。车削循环指令（CYCLE951）中，提供了"▽"（粗加工）、"▽▽▽"（精加工）两种加工模式可供选择，见表3-7。读者可根据给出的加工图样，选择合适的加工模式，以提升编程效率。

表 3-7　车削循环操作界面参数对话框——加工模式选择

加工：粗加工模式选择后的刀具轨迹	加工：精加工模式选择后的刀具轨迹
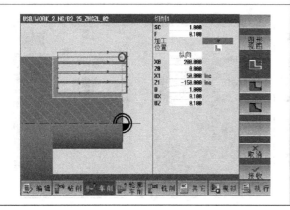	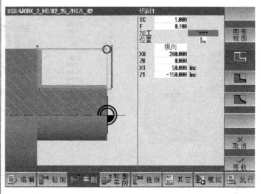

设置台阶轴毛坯时，首先应该设置毛坯的类型和尺寸，系统提供了丰富的设置选项，可选择圆柱体、管形（材）、中心六面体、多边形等，见表 3-8。毛坯的设置可以实现程序加工仿真模拟的直观性和形象性。数控车床系统毛坯设置界面中具体各参数的释义见表 3-9。

表 3-8　毛坯设置操作界面参数对话框——毛坯类型选择

毛坯类型选择：圆柱体	毛坯类型选择：管形（材）
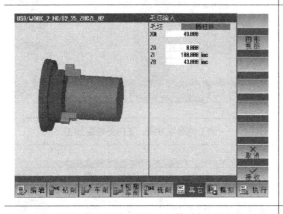	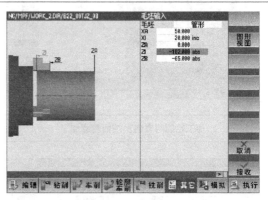
毛坯类型选择：中心六面体（方料）	毛坯类型选择：多边形（六棱柱）
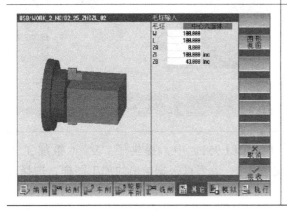	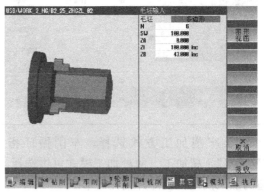

表 3-9 毛坯设置操作界面说明

编号	界面参数	编程操作	说明
1	毛坯	选择毛坯类型	可选择：圆柱形、中心六面体、管形、多边形等
2	XA	输入毛坯直径尺寸	输入毛坯直径尺寸
3	ZA	Z向初始尺寸赋值	Z向切削起点
4	ZI	设置毛坯总长度	按照选定的尺寸标注形式输入数值
5	ZB	设置毛坯外露长度	一般情况下等于加工需要尺寸长度 +5mm（视具体情况而定，需考虑毛坯的总长、加工刚性等）

（2）台阶轴零件应用 CYCLE951 指令的编程　轮廓车削循环指令（CYCLE951）编写过程是在数控系统的屏幕上采用人机对话方式完成的，进入程序编辑界面后可以按照以下步骤实施：

1）编写加工程序的信息及工艺准备内容程序段。

2）创建台阶轴毛坯设置程序段。

按系统屏幕下方水平软键中的〖▦其它〗进入毛坯设置界面，在界面右侧按〖 毛坯 〗软键，会弹出毛坯设置界面。图 3-4 所示的台阶轴毛坯外形尺寸的选择与毛坯伸出尺寸的设置如图 3-7 所示。

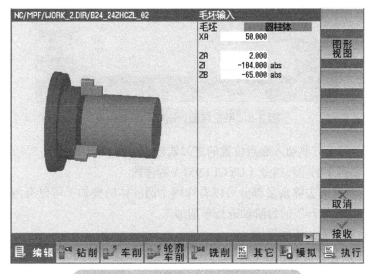

图 3-7　台阶轴零件毛坯轮廓参数对话框

"毛坯"通过系统面板键盘上的【○】键选择"圆柱体"，"XA"外直径输入"50.000"，"ZA"毛坯上表（端）面位置（设毛坯余量）输入"2.000"，"ZI"毛坯长度尺寸输入"-104.000"（abs），"ZB"毛坯伸出长度输入"-65.000"（abs）。按垂直软键中的〖接收〗，即可以生成以下程序段：

WORKPIECE(,,,"CYLINDER",192,2,-104,-65,50) ;ZI=-104(abs)、ZB=-65(abs)、XA=50

3）编写运行至换刀点位置轨迹。选用加工刀具：93° "粗加工刀具 _W"（T1），1 号刀沿，刀尖方位号 "3"，定义切削参数 S 为 1500r/min。编写快速运行至刀具切入起点位置的进刀轨迹。

4）依据台阶轴的数控加工工艺"工步 1"，编制台阶轴左端面车削加工程序。

按系统屏幕下方水平软键中的〖 车削〗进入车削要素选择界面,在界面右侧按〖 切削 〗软键,会弹出切削参数设置界面。在界面右侧按"车削1"图标软键,在车削1界面的参数对话框内设置台阶轴零件左端面切削循环参数(图3-8)如下:

① "SC"安全距离输入"2.000","F"进给量输入"0.200"。

② "加工"选择"▽"(粗加工)。

③ "位置"选取"⌐"加工位置,端面加工选择"横向"进给。

④ "X0" X轴循环起始点输入"50.000","Z0" Z轴循环起始点输入"2.000"。

⑤ "X1"X轴循环终点尺寸输入"−1.000"(abs),"Z1"Z轴循环终点尺寸输入"0.000"(abs)。

⑥ "D"最大(单边)背吃刀量输入"1.000"。

⑦ "UX" X轴单边留量输入"0.000","UZ" Z轴单边留量输入"0.000"。

核对所输入的参数无误后,按右侧下方的〖接收〗软键。

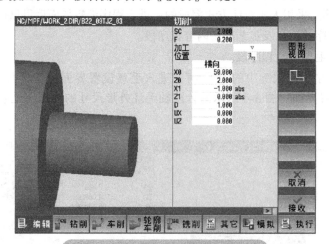

图3-8 平左端面切削循环参数设置

5)编写快速运行至刀具切入起点位置的进刀轨迹。

6)编写台阶轴粗车削循环指令(CYCLE951)程序段。

图3-4所示台阶轴的去除余量部分可以看作两个圆柱体的叠加(可以有两个拆分方案),这里分为两个"垂直方向切开"的台阶轴进行车削加工。

首先,编写台阶轴粗加工程序段。

按系统屏幕下方水平软键中的〖 车削〗进入车削要素选择界面,在界面右侧按〖 切削 〗软键,会弹出切削参数设置界面。按〖 ⌐ 〗软键进入"切削1"循环参数设置界面。ϕ48mm外圆编程的粗加工参数设置(图3-9)如下:

① "SC"安全距离输入"2.000","F"进给量输入"0.300"。

② "加工"通过系统面板键盘【○】键选择"▽"粗加工。

③ "位置"通过系统面板键盘【○】键选择"⌐""纵向"外轮廓纵向。

④ "X0" X向循环起始点位置输入"50.000","Z0" Z向循环起始点位置输入"0.000"。

⑤ "X1" X向终点输入"48.000"(abs),"Z1" Z向终点输入"60.000"(abs)或"60.000"(inc)。

⑥ "D"最大背吃刀量输入"1.500"。

⑦ "UX" X向编程余量输入"0.500","UZ" Z向编程余量输入"0.100"。

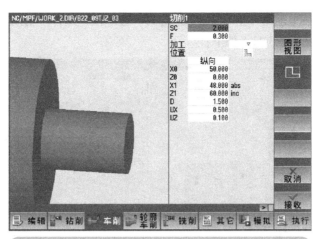

图3-9　台阶轴外轮廓粗加工编程界面及参数设置（1）

按系统屏幕右侧垂直软键中的〖接收〗，生成加工该台阶轴的粗车程序段。在程序编辑界面内，按该程序段右侧的"→"箭头图标，可以返回该程序段的参数设置界面。

> 注："X1"X向终点位置、"Z1"Z向终点位置均需按照图样尺寸设置，系统会自动计算X向、Z向的编程余量。

7）编写快速运行至刀具切入起点位置的退刀轨迹。

8）编写台阶轴 ϕ42mm 外圆的粗加工程序。

同理，设置 ϕ42mm 外圆的粗加工参数（图3-10）如下。有工艺倒角需加工，选择"切削2"循环。其他参数设置与 ϕ48mm 外圆轮廓加工设置均相同，仅部分参数需要修改。即：

① "X0"X向起始点位置输入"49.000"。

② "X1"X向终点输入"42.000"(abs)，"Z1"Z向终点输入"-30.000"(abs) 或"30.000"(inc)。

③ "FS1"第1个倒角输入"2.000"，"FS2""FS3"第2个、第3个倒角均输入"0.000"。

按垂直软键中的〖接收〗，生成加工该台阶轴的粗车程序段。在程序编辑界面内，按该程序段右侧的"→"箭头图标，可以返回该程序段的参数设置界面。

> 注：如果外轮廓需倒圆角，则通过切换键将"FS1"切换为"R1"即可。

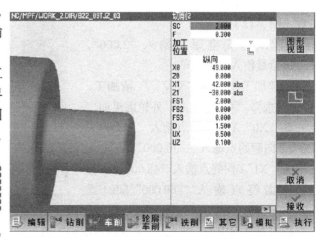

图3-10　台阶轴外轮廓粗加工编程界面及参数设置（2）

9）编写快速运行至换刀点位置的退刀轨迹。

10）编写93°"粗加工刀具 _W"（T1）退刀，选用93°"精加工刀具 _W"（T2），1号刀沿，刀尖方位号为"3"的换刀程序。定义切削参数 S 为 2000r/min。编写快速至循环起点进刀轨迹。

11）编写台阶轴精车削循环指令（CYCLE951）程序段，选择"切削 2"循环设置 ϕ42mm 外圆编程的精加工参数（图 3-11）如下：

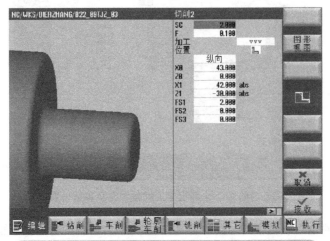

图 3-11　台阶轴外轮廓精加工编程界面及参数设置（1）

① "SC"安全距离输入"2.000"，"F"进给量输入"0.100"。

② "加工"选择"▽▽▽"精加工，"位置"选择"┗"纵向"外轮廓纵向。

③ "X0" X 向起始点输入"43.000"，"Z0" Z 向起始点输入"0.000"。

④ "X1" X 向终点输入"42.000"(abs)，"Z1" Z 向终点输入"−30.000"(abs) 或"30.000"(inc)。

⑤ "FS1"第 1 个倒直角输入"2.000"，"FS2""FS3"第 2 个、第 3 个倒直角均输入"0.000"。

按垂直软键中的〖接收〗，生成该台阶轴的精车程序段。

12）编写快速运行至刀具切入起点位置的退刀轨迹。

13）编写台阶轴精车削循环指令
（CYCLE951）程序段，选择"切削 1"循
环设置台阶轴 ϕ48mm 外圆编程的精加工
参数（图 3-12）如下：

① "SC"安全距离输入"2.000"，
"F"进给量输入"0.100"。

② "加工"选择"▽▽▽"精加工，
"位置"选择"┗"纵向"外轮廓纵向。

③ "X0" X 向起始点输入"49.000"，
"Z0" Z 向起始点输入"−30.000"。

④ "X1" X 向终点输入"48.000"(abs)，
"Z1" Z 向 终 点 输 入"−60.000"(abs) 或
"60.000"(inc)。

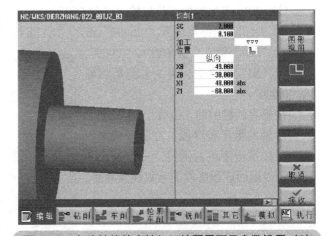

图 3-12　台阶轴外轮廓精加工编程界面及参数设置（2）

按垂直软键中的〖接收〗，生成该台阶轴的精车程序段。

14）编写快速运行至起刀点位置的退刀轨迹。

15）编写台阶轴加工的收尾程序段。

（3）台阶轴车削加工程序（TJZ_03.MPF）的编制　按照以上步骤完成编制的台阶轴加工参考程序见表 3-10。

表 3-10　台阶轴车削复合循环指令（CYCLE951）编程的参考程序

N10	;TJZ_03.MPF	程序名：台阶轴加工程序 TJZ_03
	;2018-12-01 BEIJING HULIANGXUAN	程序编写日期与编程者
N10	G54 G00 G18 G95 G40	系统工艺状态设置
N20	DIAMON	直径编程方式
N30	WORKPIECE(,,,"CYLINDER",192,2,-104,-65,50)	毛坯设置
N40	T1D1	调用 1 号刀（粗加工刀具 _W），1 号刀沿
N50	Z100	快速到达"安全位置"，先定位 Z 向，再定位 X 向
N60	X100	
N70	M03 S1500	主轴正转，转速为 1500r/min
N80	X52 Z2	快速定位至刀具切入起点
N90	CYCLE951(50,2,-1,0,-1,0,1,1,0,0,12,0,0,0,2,0.2,0,2,1110000)	平端面
	; 粗车外圆	
N100	CYCLE951(50,0,48,60,48,-60,1,1.5,0.5,0.1,11,0,0,0,2,0.3,0,2,1111000)	粗加工 φ49mm×59.9mm 外圆
N110	CYCLE951(49,0,42,-30,42,-30,1,1.5,0.5,0.1,11,2,0,0,2,0.3,1,2,1110000)	粗加工 φ43mm×29.9mm 外圆
N120	G00 X100 Z100	返回"安全位置"
	; 精车外圆	
N130	T2D1	调用 2 号刀（精加工刀具 _W），1 号刀沿
N140	M03 S2000	主轴正转，转速为 2000r/min
N150	G00 Z100	快速到达"安全位置"，先定位 Z 向，再定位 X 向
N160	X100	
N170	X52 Z2	快速定位至刀具切入起点
N180	CYCLE951(43,0,42,-30,42,-30,1,1,0.1,0.1,21,2,0,0,2,0.1,1,2,1110000)	精加工 φ42mm×30mm 外圆
N190	CYCLE951(49,-30,48,-60,48,-60,1,1,0.2,0.1,21,0,0,0,2,0.1,0,2,1110000)	精加工 φ48mm×60mm 外圆
N200	X52 Z2	快速返回至刀具切入起点
N210	G00 X100 Z100	返回"安全位置"
N220	M05	主轴停止
N230	M30	程序结束

（4）台阶轴零件参考加工程序的仿真加工　应用车削循环指令（CYCLE951）编制的台阶轴零件参考加工程序的仿真校验如图 3-13 所示。在编辑状态下，按屏幕下方的水平软键中的〖模拟〗，系统显示提示框"正在装载模拟"，待右侧出现垂直按钮后，若需要从不同位置、角度看到仿真加工图形，可以选择相应的软键进行设置。例如，观看外圆加工，可以按〖侧视图〗软键、〖3 维视图〗软键等。

如果需要打开或关闭刀具轨迹，可按垂直软键下方的〖　　〗软键，出现新的垂直软键项〖显示刀具轨迹〗和〖删除刀具轨迹〗，根据需要选择即可。

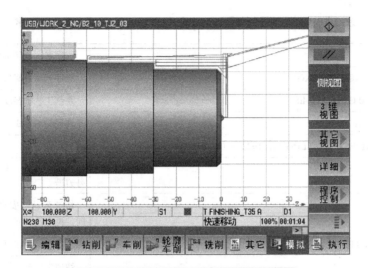

图 3-13　台阶轴零件仿真模拟加工示意图

3.2.4　加工编程练习与思考题

（1）加工编程练习 1　如图 3-14 所示，依据给出的参考加工过程，编制双台阶轴的车削加工程序。毛坯尺寸为 $\phi40\text{mm}\times100\text{mm}$；材质为 2A12。

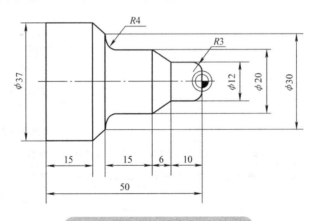

图 3-14　双台阶轴零件加工尺寸

参考加工过程如下：

1）平端面。

2）粗车各外圆面及倒角，留精加工余量。

3）精车各外圆面及倒角至图示尺寸。

4）切断，留总长余量。

5）调头平端面，保总长。

（2）加工编程练习 2　如图 3-15 所示，依据给出的参考加工过程，编制三台阶轴的车削加工程序。毛坯尺寸为 $\phi40\text{mm}\times100\text{mm}$；材质为 2A12。

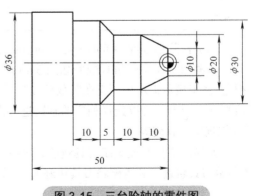

图 3-15　三台阶轴的零件图

参考加工过程如下：

1）平端面。

2）粗车各外圆面及倒角，留精加工余量。

3）精车各外圆面及倒角至图示尺寸。

4）切断，留总长余量。

5）调头平端面，保总长。

（3）思考题

1）请列举外圆倒角加工编程的几种方式。

2）工件坐标系的设置有哪些形式？请说明理由。

3）总结基本指令编程的优、缺点及适用场合。

4）列举台阶轴的数控加工程序编制思路。

5）列举车削循环指令（CYCLE951）的适用场合。

3.3 直环槽轴零件外沟槽加工编程

本节学习内容如下：

1）应用基本指令编制直环槽数控加工程序。

2）凹槽车削循环指令（CYCLE930）指令释义及直环槽数控加工程序编制。

3）掌握车削循环指令参数中"几何尺寸参数"和"加工工艺参数"的区分原则。

直环槽轴零件是在台阶轴零件的基础上进行加工编程。零件共有 3 个环槽，分别是 5mm×2.5mm 的退刀槽和两个槽宽 5mm 底径 ϕ34mm 的直环槽，如图 3-16 所示。

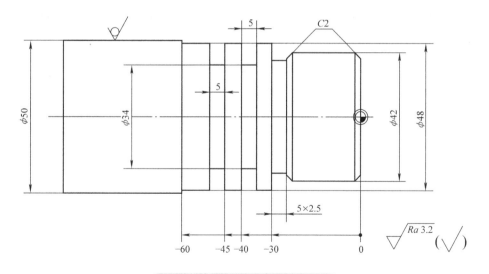

图 3-16 直环槽轴零件加工尺寸

3.3.1 数控加工工艺分析

（1）直环槽轴零件加工工艺过程 直环槽轴零件的加工工艺过程见表 3-11。

表 3-11　直环槽轴零件加工工艺过程

序号	工步名称	工步简图	说明
1	车削退刀槽	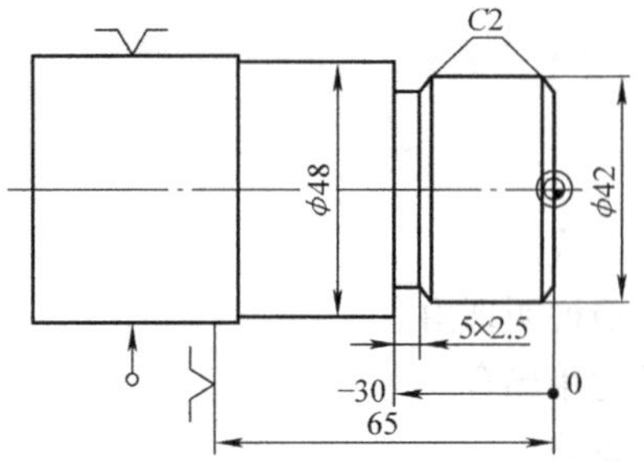	车削 5mm×2.5mm 退刀槽
2	车削两个直环槽	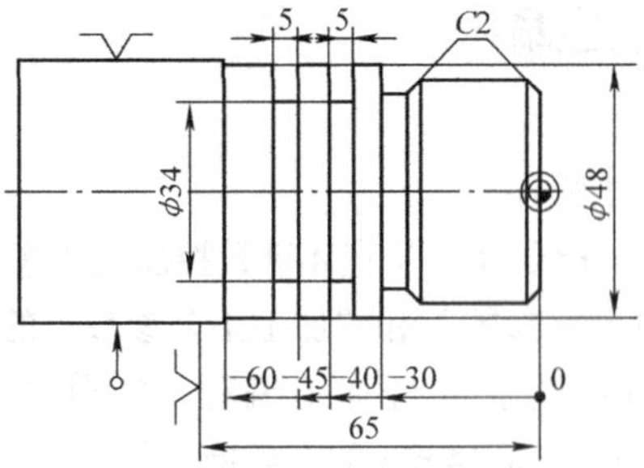	车削两个槽宽 5mm、底径 ϕ34mm 的直环槽

（2）刀具选择　依据直环槽轴零件图中 3 个槽的槽宽尺寸 5mm，选用刀刃宽度为 4mm 的硬质合金外切槽刀，刀尖方位号为"3"。切削参数（参考值）见表 3-12。

表 3-12　直环槽轴零件加工刀具及参考切削参数

刀具编号	刀具名称	切削参数			说明
		背吃刀量 a_p/mm	进给量 f/（mm/r）	主轴转速 /(r/min)	
T4	切入刀具 _W	4	0.15	700	刃宽 4mm

（3）夹具与量具选择

1）夹具。选用自定心卡盘。

2）量具。选用游标卡尺，规格为 0~150 mm，精度为 0.02mm。

（4）零件加工毛坯　直壁槽零件加工毛坯采用上节已加工好的台阶轴零件，材料牌号为 2A12。

（5）编程原点设置　台阶轴由典型的棒料毛坯型材（半成品）加工。若仅一次装夹，一般建议将工件坐标系原点设置在台阶轴的右端（G54），即将工件坐标系原点设置在轴最右端面所在平面与轴中心线的交会处。

3.3.2　基本指令编程

直环槽轴零件的环槽部分基本指令加工编程参考程序见表 3-13。

表 3-13　直环槽轴零件的环槽部分基本指令加工编程参考程序

;ZHCZ_01.MPF	程序名:直环槽加工程序 ZHCZ_01
;2018-12-01 BEIJING XIAOYUANYUAN	程序编写日期与编程者
N10	G54 G40 G95	系统工艺状态初始化,每转进给方式
N20	T4D1	调用 4 号刀(切入刀具 _W),1 号刀沿
N30	M03 S700	主轴正转,转速为 700r/min
N40	WORKPIECE(,,,"CYLINDER",192,0,-102,-65,48)	毛坯设置
N50	G00 Z100	快速定位至"安全位置",先定位 Z 向,
N60	X100	再定位 X 向
;5mm×2.5mm 螺纹退刀槽加工		
N70	X50 Z2	快速进刀至切削起点
N80	Z-29.5	快速移动至距退刀槽左壁 0.5mm 位置
N90	G01 X37 F0.15	车削退刀槽深度 2.4mm,进给量为 0.15mm/r
N100	X50 F0.3	X 向退刀至 50mm,进给量为 0.3mm/r
N110	Z-27	定位至退刀槽右侧 C2 倒角 Z 向位置
N120	X42 F0.15	定位至退刀槽右侧 C2 倒角起点位置
N130	X37 Z-29.5	车削退刀槽右侧 C2 倒角终点位置
N140	X50 F0.3	X 向退刀至 50mm,进给量为 0.3mm/r
N150	Z-30	定位至退刀槽左侧 Z 向位置
N160	X37 F0.15	车削退刀槽,深度为 2.5mm,进给量为 0.15mm/r
N170	Z-29	退刀槽槽底 Z 向光整加工
N180	X50 F0.3	X 向退刀至 50mm,进给量为 0.3mm/r
;第一个宽 5mm,底径为 φ34mm 的直环槽槽加工		
N190	Z-39	刀具移动至距第一个环槽左壁 1mm 位置
N200	X34 F0.15	车削第一个凹槽深度 7mm,进给量为 0.15mm/r
N210	X50 F0.3	X 向退刀至 50mm,进给量为 0.3mm/r
N220	Z-40	刀具移动至距第一个环槽左壁位置
N230	X34 F0.15	车削第一个凹槽深度 7mm,进给量为 0.15mm/r
N240	X50 F0.3	X 向退刀至 50mm,进给量为 0.3mm/r
;第二个宽 5mm,底径为 φ34mm 的直环槽加工		
N250	Z-49	刀具移动至距第二个环槽左壁 1m 位置
N260	X34 F0.15	车削第二个直槽深度 7mm,进给量为 0.15mm/r
N270	X50 F0.3	X 向退刀至 50mm,进给量为 0.3mm/r
N280	Z-50	刀具移动至第二个环槽左壁位置
N290	X34 F0.15	车削第二个环槽深度 7mm,进给量为 0.15mm/r
N300	X50 F0.3	X 向退刀至 50mm,进给量为 0.3mm/r
N310	G00 X100	快速退刀
N320	Z100	快速返回至"安全位置"
N330	M05	主轴停转
N340	M30	程序结束

3.3.3 凹槽车削循环指令（CYCLE930）简介及编程

西门子 828D 数控车削系统的工艺循环指令模块提供了凹槽车削指令，使用凹槽车削可以在直线〖 ▢ 〗、任意直线〖 ▢ 〗、斜线轮廓上〖 ▢ 〗利用切槽刀对对称或不对称的凹槽进行横向切槽或纵向切槽。通过参数"凹槽宽度"和"凹槽深度"确定凹槽形状，如果凹槽宽度比刀具有效宽度大，则以多步切削完成，刀具每次移动距离为刀具宽度的 80%（最大）。还可通过参数设定凹槽底部和边缘的精加工余量，设定切削和回退之间的停留时间。

（1）凹槽车削循环指令（CYCLE930）概述

1）刀具轨迹分析。

① 首先快进到循环内部计算得出的加工循环起点（参考点 + 安全距离）。

② 刀具快进到第 1 个凹槽的位置。

③ 以指定加工进给量进行第 1 个槽的车削，背吃刀量为 T1。

④ 刀具以指定加工进给量沿 X 向回退，移动距离为 D + 安全距离。

⑤ 刀具在第 1 个凹槽旁边再次切入，背吃刀量为 T1。

⑥ 刀具以指定加工进给量沿 X 向回退，移动距离为 D + 安全距离。

⑦ 刀具在第 1 个凹槽和第 2 个凹槽之间来回切削。在每次切削之间，刀具快速回退 D + 安全距离。最后一次切削之后，刀具快速回退到安全距离。

2）凹槽车削循环指令（CYCLE930）格式。

数控车削系统编译后的凹槽车削循环指令（CYCLE930）格式如下：

CYCLE930 (REAL _SPD,REAL _SPL,REAL _WIDG,REAL _WIDG2,REAL _DIAG,REAL _DIAG2, REAL _STA,REAL _ANG1,REAL _ANG2,REAL _RCO1,REAL _RCI1,REAL _RCI2,REAL _RCO2,REAL _FAL,REAL _IDEP1,REAL _SDIS,INT _VARI,INT _DN,INT _NUM,REAL _DBH,REAL _FF1,INT _NR, REAL _FALX,REAL _FALZ,INT _DMODE,INT _AMODE)

凹槽车削循环指令（CYCLE930）参数较繁杂，实际编程应用中只需参照系统人机对话界面理解各参数的含义，按顺序填写必要的参数即可。直环槽轴零件凹槽加工指令基本释义见表3-14，也可参照图 3-17 进行释义。

表 3-14 凹槽车削循环指令（CYCLE930）凹槽 1 编程操作界面的参数说明

序号	界面参数	编程操作	说明
1	SC	安全距离	刀具与工件之间的安全距离
2	F	进给量	
3	加工 ○	可选择"▽"粗加工	参见图 3-17 和表 3-15
		可选择"▽▽▽"精加工	
		可选择"▽+▽▽▽"粗+精加工	
4	位置	加工位置	可选外圆、右端面、内槽、左端面
5	X0	X 参考点	X 向起刀点
6	Z0	Z 参考点	Z 向起刀点
7	B1	凹槽宽度	凹槽的最终宽度
8	T1 ○	凹槽深度	凹槽的最终深度
9	D	插入时的最大背吃刀量	每刀进给量
10	UX	X 向精加工余量	在 X 轴的精加工余量
11	UZ	Z 向精加工余量	在 Z 轴的精加工余量
12	N	凹槽数量	所需凹槽数量
13	D	凹槽间距离	凹槽与凹槽间的距离

3）车削加工方式选择。凹槽车削循环指令（CYCLE930）凹槽1中，提供了"▽"粗加工、"▽▽▽"精加工、"▽+▽▽▽"粗＋精加工3种加工方式，见表3-15。操着者可根据实际加工图样，选择合适的加工模式，以提升编程的效率。

表 3-15　凹槽 1 操作界面参数对话框

加工：选择"▽▽▽"精加工的刀具轨迹	加工：选择"▽+▽▽▽"粗＋精加工的刀具轨迹
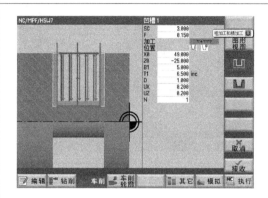	

4）车削加工位置选择。凹槽车削循环指令（CYCLE930）中包括常见的几种凹槽加工位置，可实现径向内、外凹槽加工，左、右端面槽加工等，见表3-16。

表 3-16　凹槽加工位置选择说明

加工位置—外凹槽	加工位置—右端面凹槽
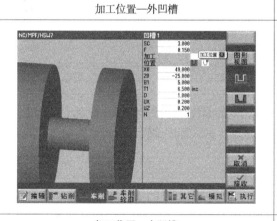	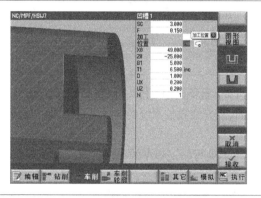
加工位置—内凹槽	加工位置—左端面凹槽
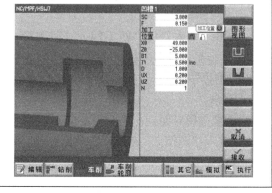	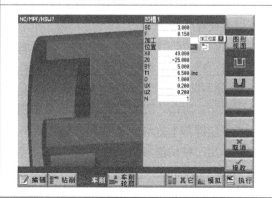

5）加工编程参考点位置选择。车削加工编程参考点位置选择说明见表 3-17。

表 3-17　车削加工编程参考点位置选择说明

参考点位置—"凹槽右上角"	参考点位置—"凹槽左上角"
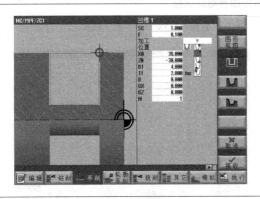	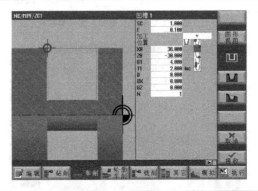
参考点位置—"凹槽右下角"	参考点位置—"凹槽左下角"
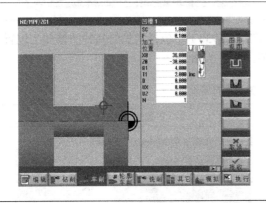	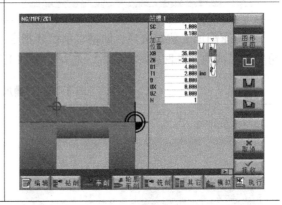

（2）直环槽轴零件（环槽部分）应用 CYCLE930 指令的编程　凹槽车削循环指令（CYCLE930）编写过程是在数控系统的屏幕上采用人机对话方式完成的，进入程序编辑界面后可以按照以下步骤实施：

1）编写加工程序的程序信息及工艺准备内容程序段。

2）创建直环槽零件毛坯程序段。"毛坯"通过系统面板键盘上的【〇】键选择"圆柱体"，"XA"外直径输入"50.000"，"ZA"毛坯上表（端）面位置输入"0.000"，"Z1"毛坯长度尺寸输入"–102.000"（abs），"ZB"毛坯伸出长度输入"–65.000"（abs）。按垂直软键中的〖接收〗，即可以生成程序段。

3）编写运行至换刀点位置轨迹。选用加工刀具：4mm "切入刀具 _W"（T4），1 号刀沿，刀尖方位号"3"，定义切削参数 S 为 700r/min。编写快速运行至刀具切入起点位置的进刀轨迹。

4）编写凹槽车削循环指令（CYCLE930）车削退刀槽程序段。

方法 1：应用"凹槽 2"循环指令编制退刀槽加工程序。

按系统屏幕下方水平软键中的〖车削〗进入车削要素选择界面，在界面右侧按〖凹槽〗软键，会弹出凹槽切削参数设置界面。按〖凹槽〗软键进入"凹槽 2"循环参数设置界面。设置车削 5mm×2.5mm 退刀槽编程的加工参数（图 3-17）如下：

① "SC"†安全距离输入"2.000","F"†进给量输入"0.150"。

② "加工"通过系统面板【○】键选择"∇+∇∇∇"†粗加工和精加工方式,"位置"通过系统面板【○】键选择"∪"外凹槽,参考点选择"∪"†凹槽左上角。

③ "X0"X向起始点输入"42.000","Z0"Z向起始点结合参考点位置输入"-30.000"。

④ "B1"凹槽宽度输入"5.000","T1"凹槽深度输入"2.500"(inc)。

⑤ "α1"侧面角度设置为"0.000"(°),"α2"侧面角度设置为"0.000"(°)。

⑥ "FS4"第4个倒角输入"2.000","FS1""FS2""FS3"第1个、第2个、第3个倒角均输入"0.000"。

⑦ "D"切入时的最大背吃刀量输入"0.000",一刀到底方式。

⑧ "UX"X向精加工余量输入"0.000","UZ"Z向精加工余量输入"0.000"。

⑨ "N"凹槽数量输入"1"。

分析以上参数性质可大致分为两类:一类是"几何尺寸参数",这类参数依据加工图样的标注尺寸或工序尺寸输入数值;另一类是"加工工艺参数",这类参数要选择相应选项或输入相应数值,都需要操作者依据加工工艺要求、加工环境要求和工程经验等决定。

上面参数中带有下角标"†"的参数为"加工工艺参数"。

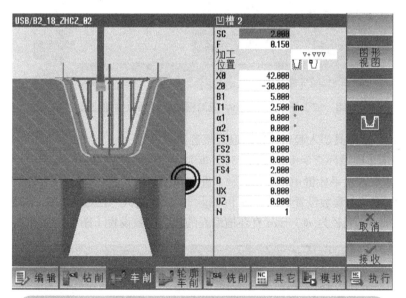

图 3-17 加工5mm×2.5mm退刀槽编程界面及参数设置方法(1)

编写快速运行至刀具切入起点位置的退刀轨迹。

方法2:应用"退刀槽"循环指令编制退刀槽加工程序。

按系统屏幕下方水平软键〖 车削 〗进入车削选择界面,在界面右侧按〖 退刀槽 〗软键,弹出退刀槽垂直软键界面,根据图3-3所示的螺纹退刀槽尺寸标注,按〖 DIN螺纹退刀槽 〗软键进入"DIN 螺纹退刀槽"循环参数设置界面。设置车削5mm×2.5mm退刀槽编程的加工参数(图3-18)如下:

① "SC"†安全距离输入"2.000","F"进给量输入"0.150"。

② "加工"通过系统面板【○】键选择"∇+∇∇∇"†粗加工和精加工方式,"位置"通过系统面板【○】键选择加工方式"⤚",加工方向选择"纵向"。

③ "形状"选择"正常"。

④ "P" 螺距选择 "2.0"（mm/rev）。

⑤ "X0" X 向参考点输入 "42.000"，"Z0" Z 向参考点输入 "−30.000"。

⑥ "α" 下刀角度设置为 "45.000"（°）。

⑦ "UX" 横轴切削量输入 "48.000"（abs）。

⑧ "D" 切入时的最大背吃刀量输入 "2.500"。

⑨ "UX" X 向精加工余量输入 "0.100"，"UZ" Z 向精加工余量输入 "0.100"。

上面参数中带有下角标 "," 的参数为 "加工工艺参数"。

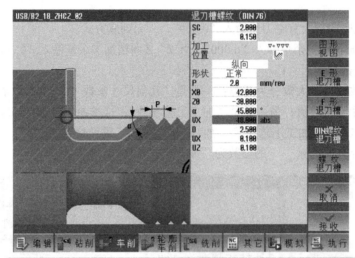

图 3-18　加工 5mm×2.5mm 退刀槽编程界面及参数设置方法（2）

编写快速运行至刀具切入起点位置的退刀轨迹。

5）编写凹槽车削循环指令（CYCLE930）车削环槽程序段。

按系统屏幕下方水平软键中的〖 车削 〗进入车削要素选择界面，在界面右侧按〖 凹槽 〗软键，会弹出凹槽切削参数设置界面。按〖 ⊔ 〗软键进入 "凹槽 1" 循环参数设置界面。针对两个槽宽为 5mm、底径为 ϕ34mm 直环槽编程的加工参数设置（图 3-19）如下：

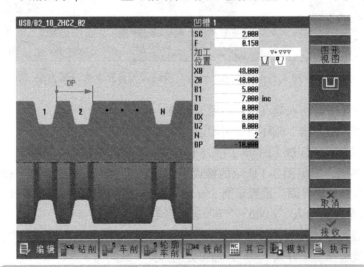

图 3-19　槽宽为 5mm、底径为 ϕ34mm 直环槽编程界面及参数设置

① "SC"_↑安全距离输入"2.000"，"F"_↑进给量输入"0.150"。

② "加工"选择"▽+▽▽▽"_↑粗加工和精加工方式，"位置"选择"🔣"外凹槽、参考点位置"🔣"_↑选择凹槽左上角。

③ "X0"参考点位置的 X 向坐标输入"48.000"，"Z0"参考点位置的 Z 向坐标，结合参考点位置输入"–40.000"。

④ "B1"凹槽宽度输入"5.000"，"T1"凹槽深度输入"7.000"（inc）。

⑤ "D"切入时的最大背吃刀量输入"0.000"，一刀到底方式。

⑥ "UX" X 向精加工余量输入"0.000"，"UZ" Z 向精加工余量输入"0.000"。

⑦ "N"凹槽数量输入"2"。

⑧ "DP"凹槽间距离，结合参考点位置输入"–10.000"。

上面参数中带有下角标，如"↑"的参数为"加工工艺参数"。

6）编写直环槽轴零件的加工收尾程序段。

（3）直环槽轴车削加工程序（ZHCZ_02.MPF）的编制　按照以上步骤完成编制的直环槽轴加工参考程序见表 3-18。

表 3-18　直环槽轴车削循环指令（CYCLE930）编程的参考加工程序

; ZHCZ_02.MPF		程序名：直环槽轴加工程序 ZHCZ_02
; 2018–12–01 BEIJING HULIANGXUAN		程序编写日期与编程者
N10	G54 G00 G18 G95 G40	系统工艺状态设置
N20	DIAMON	直径编程方式
N30	WORKPIECE(,,,"CYLINDER",192,0,–102,–65,48)	毛坯设置
N40	T4D1	调用 4 号刀（切入刀具 _W），1 号刀沿
N50	M03 S700	主轴正转，转速为 700r/min
N60	Z100	快速到达"安全位置"，先定位 Z 向，
N70	X100	再定位 X 向
N80	X52 Z2	快速定位至切削起点
N90	CYCLE930(42,–30,5,5,2.5,,0,0,0,0,0,0,2,0.2,0,2,10130,,1,30,0.15,1,0,0,2,1111110)	调用"凹槽 2" 加工 5mm×2.5mm 退刀槽
/	CYCLE940(42,–30,"A",1,2,0.15,13,,,,,45,48,1,0.1,0,0,15,,,2,1000)	调用退刀螺纹槽（DIN 76） 加工 5mm×2.5mm 退刀槽
N100	X52	直径方向退出
N110	CYCLE930(48,–40,5,5,7,,0,0,0,2,2,2,2,0.2,0,2,10130,,2,–10,0.15,0,0,0,2,1111110)	调用"凹槽 1" 加工两个槽宽为 5mm、底径为 34mm 的直环槽
N120	X52	X 向退刀
N130	Z2	定位至切削起点
N140	G00 X100 Z100	返回"安全位置"
N150	M05	主轴停转
N160	M30	程序结束并返回程序头

（4）直环槽轴零件参考加工程序的仿真加工　应用凹槽车削循环指令（CYCLE930），直环槽轴零件参考加工程序的仿真校验如图 3-20 所示。

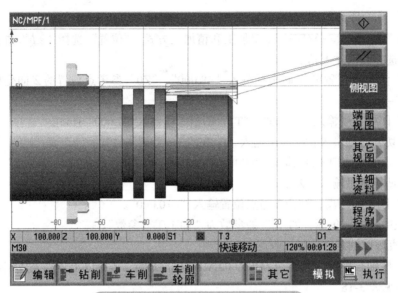

图 3-20　直环槽轴零件仿真模拟加工

3.3.4　加工编程练习与思考题

（1）加工编程练习　如图 3-21 所示，依据参考加工过程，编制三环槽轴的数控加工程序。毛坯尺寸为 ϕ 50mm×100mm；材质为 2A12。

参考加工过程如下：

1）平端面。

2）粗、精车各外圆面及倒角至图示尺寸。

3）粗、精车 3 个直环槽 6mm×4mm 至图示尺寸。

4）切断，留总长余量。

5）调头平端面及倒角，保总长。

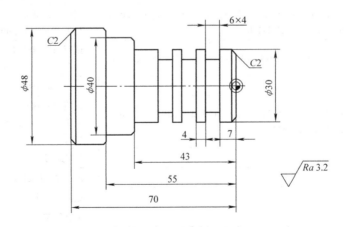

图 3-21　三环槽轴零件加工尺寸图

（2）思考题

1）总结凹槽车削循环指令（CYCLE930）中"▽"（粗加工）、"▽▽▽"（精加工）、

"▽+▽▽▽"（粗＋精加工）3 种切削加工模式的适用场合。

2）总结参数界面"加工编程参考点位置"中各参考点位置的选择依据，请举例说明。

3）选择性的循环指令中的参数项都是"加工工艺参数"吗？

3.4 直环槽轴零件外螺纹加工编程

本节学习内容如下。

1）应用基本指令编制外螺纹数控加工程序。

2）螺纹车削循环指令（CYCLE99）释义及螺纹数控加工程序编制。

直环槽轴外螺纹零件是在直环槽轴零件的基础上进行加工编程。将原有的 $\phi 42mm \times 30mm$ 圆柱体部分车削成 M42×2 外螺纹，如图 3-22 所示。

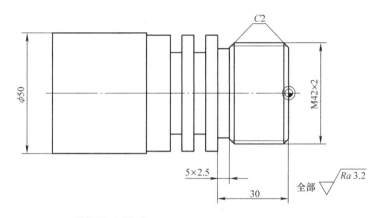

图 3-22 直环槽轴零件外螺纹部分加工尺寸

3.4.1 数控加工工艺分析

（1）直环槽轴零件外螺纹加工工艺过程 直环槽轴外螺纹零件加工是在直环槽轴零件加工基础上引出的，其加工工艺过程见表 3-19。

表 3-19 直环槽零件外螺纹加工工艺过程

序号	工步名称	工步简图	说明
1	外螺纹 粗、精加工		精车削 M42×2 外螺纹

（2）刀具选择　直环槽轴外螺纹零件的材料为硬铝（2A12），因此选择对应的铝材料切削加工刀具。其中 93° 外圆精车刀的刀尖圆弧半径为 0.2mm，刀尖方位号为"3"。普通外螺纹车刀的刀尖圆弧半径为 0.2mm，螺纹背吃刀量大于 3mm，刀尖方位号为"8"。切削参数（参考值）见表 3-20。

表 3-20　直环槽轴零件外螺纹加工刀具及参考切削参数

刀具编号	刀具名称	切削参数			说明
		背吃刀量 a_p/mm	进给量 f/（mm/r）	主轴转速 /(r/min)	
T2	精加工刀具 _W	0.5	0.1	2000	93°、55°
T9	螺纹车刀 _W		2	800	

（3）夹具与量具选择
1）夹具。选用自定心卡盘。
2）量具。选用的量具见表 3-21。

表 3-21　直环槽轴零件外螺纹加工中的测量量具

序号	量具名称	量程	测量位置	备注
1	游标卡尺	0~150mm	外径粗测量、长度测量	精度为 0.02mm
2	螺纹环规	M42×2–6g	外螺纹	—
3	百分表	0~5mm	毛坯外径	精度为 0.01mm

（4）毛坯设置　直环槽轴外螺纹零件加工毛坯采用 3.3 节中已经加工好的直环槽轴零件，材料牌号为 2A12。建议 3.3 节外沟槽加工完毕不要拆卸零件，如果零件已拆卸（单独车削外螺纹），则需要在二次装夹（半成品）时使用百分表找正。

（5）编程原点设置　直环槽轴外螺纹零件由典型的棒料毛坯型材（半成品）车削加工。若仅一次装夹，建议将工件坐标系原点设置在毛坯型材的右端（G54），即将工件坐标系原点设置在 M42×2 外螺纹右端面所在平面与轴中心线的交会处。

3.4.2　基本指令编程

根据螺纹工作原理，按照外螺纹大径尺寸 = 公称尺寸 –0.13P 计算 [42–（0.13×2）=41.74]，需要先将外圆柱 φ42mm×30mm 车成 φ41.74mm，再加工外螺纹。螺纹加工应用螺纹加工指令 G33 编制加工程序，按照去除材料等截面积方法确定螺纹车削次数为 5 次，每次车削深度依次为 1.2mm、0.8mm、0.4mm、0.2mm、0mm。螺纹车削时升速进刀距离取 3mm（1.5P）。

基本指令编写的外螺纹加工参考程序见表 3-22。

表 3-22　基本指令编写的外螺纹加工参考程序

;ZHCZL_01.MPF	程序名：外螺纹加工程序 ZHCZL_01
;2018-11-01 BEIJING XIAO.YY	程序编写日期与编程者

N10	G54 G40 G95	系统工艺状态初始化，每转进给方式
N20	T2D1	调用 2 号刀（精加工刀具 _W），1 号刀沿
N30	M03 S2000	主轴正转，转速为 2000r/min
N40	WORKPIECE(,,, "CYLINDER", 192, 0, -102, -65, 42)	毛坯设置
N50	G00 Z100	快速定位至"安全位置"，先定位 Z 向，再定位 X 向
N60	X100	

; 精车螺纹大径尺寸为 φ41.74mm×26mm

N70	X52 Z2	快速定位至循环起点
N80	X37.74	快速定位至 C2 倒角 X 向起点
N90	G01 Z0 F0.1	直线插补定位至 C2 倒角 Z 向起点
N100	X41.74 CHR=2	C2 倒角
N110	Z-26	Z 向切削进给
N120	X52	返回循环起点
N130	Z2	
N140	G00 X100 Z100	返回"安全位置"

; 螺纹加工

N150	T9D1	调用 9 号刀（螺纹车刀 _W），1 号刀沿
N160	M03 S800	主轴正转，转速为 800r/min
N170	G00 Z100	快速定位至"安全位置"，先定位 Z 向，再定位 X 向
N180	X100	
N190	X44 Z3	快速定位至螺纹加工循环起点
N200	X40.8	快速定位至螺纹加工的 X 向第 1 刀
N210	G33 Z-26 K2	螺纹加工第 1 刀
N220	G00 X44	退刀
N230	G00 Z3	
N240	X40	快速定位至螺纹加工的 X 向第 2 刀
N250	G33 Z-26 K2	螺纹加工第 2 刀
N260	G00 X44	退刀
N270	Z3	

（续）

; 螺纹加工

N280	X39.6	快速定位至螺纹加工的 X 向第 3 刀
N290	G33 Z-26 K2	螺纹加工第 3 刀
N300	G00 X44	退刀
N310	Z3	
N320	X39.8	快速定位至螺纹加工的 X 向第 4 刀
N330	G33 Z-26 K2	螺纹加工第 4 刀
N340	G00 X44	退刀
N350	Z3	
N360	X39.8	快速定位至螺纹加工的 X 向第 5 刀
N370	G33 Z-26 K2	螺纹加工第 5 刀——光整加工
N380	G00 X44	退刀
N390	Z3	
N400	X100 Z100	快速定位至"安全位置"
N410	M05	主轴停止
N420	M30	程序结束并返回程序起始段

3.4.3 车削循环指令（CYCLE99）简介及编程

SINUMERIK 828D 数控车削系统在螺纹车削加工编程中提供了车削循环指令 CYCLE99。该循环指令提供了多种切削加工类型，切削方式选择灵活，编程便捷，螺纹加工表面质量高，大大提升了螺纹编程的效率和质量，在实际中被广泛应用。在螺纹车削复合循环中，系统提供了 4 种特征的螺纹切削编程，分别是纵向螺纹（轴向螺纹）、锥形螺纹（锥螺纹）、端面螺纹和螺纹链。

（1）螺纹车削循环指令（CYCLE99）功能 螺纹车削循环指令（CYCLE99）可完成直螺纹、锥形螺纹、端面螺纹 3 种类型螺纹的车削编程。该循环可完成固定螺距或变螺距螺纹的编程，实现外螺纹和内螺纹的编程，可进行单线螺纹或多线螺纹的编程。

1）车削循环指令（CYCLE99）格式。数控车削系统编译后的车削循环指令（CYCLE95）格式如下：

CYCLE99(REAL_SPL，REAL_SPD，REAL_FPL，REAL_FPD，REAL_APP，REAL_ROP，REAL_TDEP，REAL_FAL，REA_IANG，REAL_NSP，INT_NRC，INT_NID，REAL_PIT，INT_VARI，INT_NUMTH，REAL_SDIS，REAL_MID，REAL_GDEP，REAL_PIT1，REA L_FDEP，INT _GST，INT_GUD，REAL_IFLANK，INT_PITA，STRING[15]_PITM，STRING[20]_PTAB，STRING[20]_PTABA，INT_DMODE，INT_AMODE)

同样，螺纹车削循环指令中参数很多，西门子数控系统为螺纹循环指令的编程提供了很好的人机对话界面，不用记忆繁杂的参数（手工编程中的很多计算，刀具轨迹规划等工作都在系统内部自动完成）。操作者只需理解各参数的含义，在界面中输入即可。指令基本释义见表 3-23，也可参照图 3-23 进行释义。

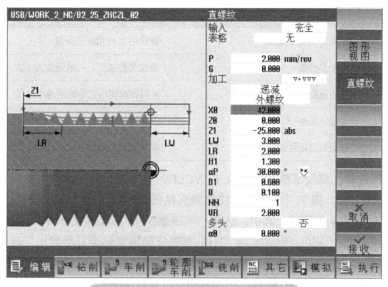

图 3-23 螺纹车削循环参数设置界面

表 3-23 螺纹车削循环指令（CYCLE99）编程界面说明

序号	界面参数	编程操作	说明
1	输入	选择"完全"和"简单"的螺纹切削参数界面	多线螺纹加工编程时一般选择"完全"模式
2	表格	选择螺纹类型	可选择 5 种螺纹标准，即无、米制螺纹、惠氏螺纹（BSW）、惠氏螺纹（BSP）、UNC
3	选择 P	选择螺距的设置方式	螺距设置的方法：无、米制螺纹的螺距、每寸牙数、每寸牙数、每寸牙数
4	G	每转螺距的变化	适用于螺距规律变化的螺距设置（变螺距螺纹加工）
5	加工〇	设置螺纹切削方式、X 向切削进刀方式、螺纹切削类型	切削方式可选择："▽"粗加工、"▽▽▽"精加工、"▽+▽▽▽"粗＋精 3 种方式 X 向切削进刀方式：等距或递减的切削方式 螺纹切削类型：外螺纹或内螺纹
6	X0	设置螺纹 X 向切削起点	
7	Z0	设置螺纹 Z 向切削起点	
8	Z1〇	设置螺纹车削长度	螺纹的切削长度，可选择绝对或相对坐标
9	LW	设置螺纹导入距离	
10	LR	设置螺纹导出距离	
11	H1	设置螺纹牙高	
12	αP/DP	设置螺纹牙型角／齿面	一般为螺纹牙型角的 1/2
13	D1/ND〇	设置螺纹切削第 1 刀背吃刀量或设置螺纹切削次数	

（续）

序号	界面参数	编程操作	说明
14	U	设置 X 向精加工余量	螺纹的 X 向精加工余量
15	NN	设置光刀次数	螺纹光整加工，一般设置为1次
16	UR	设置回退距离	X 向每次切削完毕的回退距离
17	多头	设置螺纹线数	单线螺纹一般选择"不"
18	α0	设置螺纹起始角偏移量	单线螺纹一般输入"0°"，用于多线螺纹加工

2）螺纹类型选择。螺纹车削循环指令（CYCLE99）中，在纵向螺纹（轴向螺纹）参数设置界面的"表格"对话框，提供了多样的螺纹类型选择模式，即"无（自定义）""米制螺纹""惠氏螺纹 BSW""UNC"4 种类型。其中，选择"米制螺纹""惠氏螺纹 BSW""UNC"3 种类型的螺纹时，螺纹公称直径"X0"、螺纹牙高"H1"框将依据国家标准自动套用，减少了计算量，提升了编程的便捷性。

3）螺纹车削加工类型选择。螺纹车削循环指令（CYCLE99）中，提供了多样的加工方式选择，即"▽"粗加工、"▽▽▽"精加工、"▽+▽▽▽"粗 + 精加工 3 种加工方式。

4）轮廓类型选择。螺纹车削循环指令（CYCLE99）功能强大，综合考虑切削加工类型，可实现外螺纹加工、内螺纹加工，本例螺纹加工编程采用"外螺纹"车削模式。

5）螺纹切削进给模式选择。螺纹车削循环指令（CYCLE99）中，螺纹切削进给模式有两种选择，即等距和等截面，见表 3-24。螺距较大、表面粗糙度要求较高时一般选择等截面的进给方式，螺距较小时一般采用等距进给方式。本例螺纹加工编程采用"等截面"进给模式。

表 3-24　螺纹车削操作界面参数对话框——螺纹进给模式选择

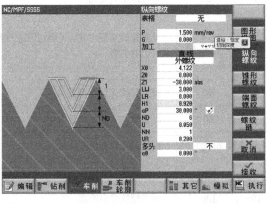

（2）直环槽轴外螺纹零件车削循环指令（CYCLE99）编程过程　依据直环槽轴外螺纹零件的加工工艺设置，在台阶轴加工编程（3.2 节）、直环槽加工编程（3.3 节）完成的基础上，应用螺纹车削循环指令（CYCLE99）完成外螺纹的加工编程。进入程序编辑界面后可以按照以下主

要步骤实施：

1）编写加工程序的程序信息及工艺准备内容程序段。

2）创建直环槽外螺纹零件毛坯程序段。设置参数参见 3.3 节。

若已经将外圆直径车削至外螺纹大径尺寸（ϕ41.74mm），则跳过 3）、4）两个步骤。

3）编制加工刀具：选用 93°"精加工刀具 _W"（T2），1 号刀沿，刀尖方位号为"3"，定义切削参数 S 为 2000r/min。

4）编写车削外螺纹大径尺寸程序段。

按照外螺纹大径尺寸 = 公称尺寸 – 0.13P 计算，需先将外圆柱 ϕ42mm×30mm 车成 ϕ41.74mm。选择"切削 2"循环设置外螺纹大径 ϕ41.74mm 外圆编程的精加工参数（图 3-24），具体如下：

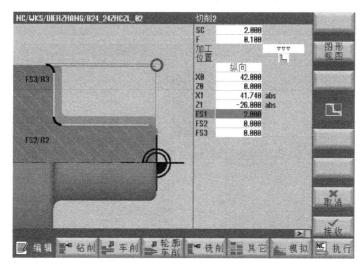

图 3-24　直环槽轴外螺纹零件大径精加工编程界面及参数设置

① "SC"安全距离输入"2.000"，"F"进给量输入"0.100"。

② "加工"设置为"▽▽▽"精加工，"位置"选择"▧""纵向"外轮廓纵向。

③ "X0"X 向起始点输入"42.000"，"Z0"Z 向起始点输入"0.000"。

④ "X1"X 向终点输入"41.740"（abs），"Z1"Z 向终点输入"-26.000"（abs）或者"26.000"（inc）。

⑤ "FS1"第 1 个倒角输入"2.000"，"FS2""FS3"第 2 个、第 3 个倒角均输入"0.000"。

按垂直软键中的〖接收〗，生成外螺纹大径的精车程序段。

5）93°"精加工刀具 _W"（T2）退刀，"螺纹车刀 _W"（T9），刀尖方位号为"8"，定义切削参数 S 为 800r/min。

6）编写螺纹车削循环程序段。按系统屏幕下方水平软键中的〖↲车削〗进入车削要素选择界面，在界面右侧按〖螺纹〗软键，会弹出螺纹切削参数设置界面。按〖直螺纹〗软键进入"直螺纹"循环参数设置界面。直环槽轴外螺纹零件车削循环加工参数设置（图 3-25）如下：

① "输入"选择"完全"模式。

② "表格"选择"无"，"P"螺纹螺距输入"2.000"（mm/rev），"G"输入"0.000"。

③ "加工"选择"▽+▽▽▽"粗 + 精加工方式、选择"递减""外螺纹"。

④ "X0"螺纹外径输入"42.000"，"Z0"螺纹 Z 向起点位置输入"0.000"。

⑤ "Z1" 螺纹 Z 向终点位置输入 "–25.000" (abs), "LW" 输入 "3.000", "LR" 输入 "2.000"。

⑥ "H1" 螺纹牙深输入 "1.300", "αP" 牙型角输入 "30.000" (°)。

⑦ 使用系统键盘面板上的选择键【○】, 可以使参数 "D1" 切换为 "ND"。若选择 "D1", 螺纹切削首次背吃刀量则显示 "0.3"; 若选择 "ND", 粗切次数显示 "5"。这两个数值是相关的, 可以修改其中一个显示的数值, 对应的另一个显示的数值也会随之改变。

⑧ "U" 螺纹精加工余量输入 "0.100"。

⑨ "NN" 螺纹光刀次数输入 "1" 次, "UR" 螺纹切削每次回退距离输入 "2.000"。

⑩ "多头" 选择 "否", 即单线螺纹, "α0" 螺纹分度角度输入 "0.000" (°)。

> 注: 螺纹为单线螺纹, 参数界面设置时 "输入" 应选择为 "简单" 模式, 但本节为呈现更多的界面信息, 因此选择了 "完全" 模式进行说明。

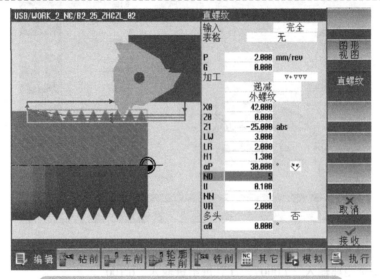

图 3-25　直环槽轴零件外螺纹加工编程界面及参数设置

7) 编写直环槽轴零件的加工收尾程序段。

(3) 直环槽轴外螺纹车削加工程序 (ZHCZL_02.MPF) 编制　按照以上步骤完成编制的直环槽轴外螺纹参考加工程序见表 3-25。

表 3-25　直环槽轴外螺纹车削循环指令 (CYCLE99) 编程的加工参考程序

;ZHCZL_02.MPF		程序名: 螺纹加工程序 ZHCZL_02
;2018–12–01 BEIJING HULIANGXUAN		程序编写日期与编程者
N10	G54 G00 G18 G95 G40	系统工艺状态设置
N20	DIAMON	直径编程方式
N30	WORKPIECE(,,, "CYLINDER", 192, 0, –102, –65, 50)	毛坯设置
N40	T2D1	调用 2 号刀 (精加工刀具 _W), 1 号刀沿
N50	M03 S2000	主轴正转, 转速为 2000r/min
N60	Z100	快速到达 "安全位置", 先定位 Z 向, 再定位 X 向
N70	X100	

（续）

; 精车螺纹大径尺寸 ϕ 41.74mm × 26mm

N80	X52 Z2	快速定位至循环起点
N90	CYCLE951(42, 0, 41.74, −26, 41.74, −26, 1, 1, 0.1, 0.1, 21, 2, 0, 0, 2, 0.1, 1, 2, 1110000)	调用车削循环精加工 ϕ 41.74mm × 26mm 外圆至螺纹大径尺寸
N100	X52 Z2	返回循环起点
N110	G00 X100 Z100	返回 "安全位置"

; 螺纹加工

N120	T9D1	调用 9 号刀（螺纹车刀 _W），1 号刀沿
N130	M03 S800	主轴正转，转速为 800r/min
N140	G00 Z100	快速到达 "安全位置"，先定位 Z 向，再定位 X 向
N150	X100	
N160	X44 Z2	快速定位至螺纹循环起点
N170	CYCLE99(0, 42, −25,, 3, 2, 1.3, 0.1, 30, 0, 5, 1, 2, 1300203, 4, 2, 0.3, 0.5, 0, 0, 1, 0, 0.750555, 1,,,, 2, 0)	车削螺纹
N180	X44 Z2	快速定位至螺纹循环起点
N180	G00 X100 Z100	快速返回 "安全位置"
N200	M05	主轴停转
N210	M30	程序结束

（4）直环槽轴外螺纹零件参考加工程序的仿真加工　应用螺纹车削循环指令（CYCLE99），直环槽轴外螺纹零件参考加工程序的仿真校验，如图 3-26 所示。

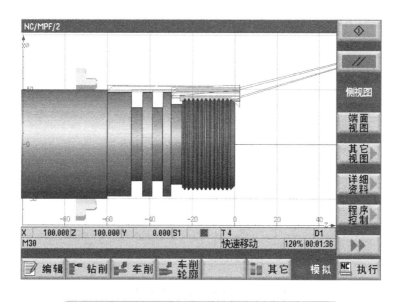

图 3-26　直环槽轴外螺纹零件仿真模拟加工示意图

3.4.4 加工编程练习与思考题

（1）加工编程练习图1 如图 3-27 所示，依据参考加工过程，编制螺纹轴的数控加工程序。毛坯尺寸为 $\phi40mm \times 100mm$；材质为 2A12。

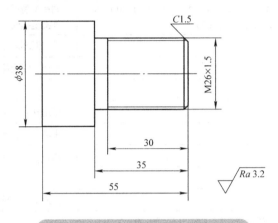

图 3-27 螺纹轴零件的加工尺寸（1）

参考加工过程如下：

1）平端面。

2）粗车各外圆面，留精加工余量。

3）精车各外圆面及倒角至图示尺寸。

4）车削螺纹。

5）切断，留总长余量。

6）调头平端面，保总长。

（2）加工编程练习图2 如图 3-28 所示，依据参考加工过程，编制螺纹轴的数控加工程序。毛坯尺寸为 $\phi40mm \times 100mm$；材质为 2A12。

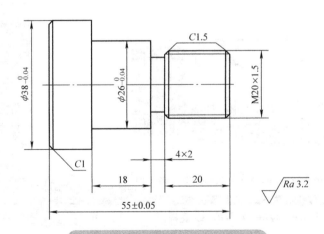

图 3-28 螺纹轴零件加工尺寸（2）

参考加工过程如下：

1）平端面。

2）粗车各外圆面，留精加工余量。

3）精车各外圆面及倒角至图示尺寸。

4）车削螺纹退刀槽至图示尺寸。

5）粗车螺纹，留精加工余量。

6）精车螺纹至图示尺寸。

7）切断，留总长余量。

8）调头平端面，保总长。

（3）思考题

1）螺纹种类有几种？请列举。

2）工件坐标系的设置有哪些形式？请说明理由。

3）总结螺纹刀对刀的方法。

4）列举螺纹切削进给模式，并说明各模式的特点及适用场合。

3.5　直环槽轴零件端面孔钻削加工编程

本节学习内容：

1）中心孔钻削循环指令（CYCLE81）解析及加工编程。

2）深孔钻削循环指令（CYCLE83）解析及加工编程。

直环槽轴端面孔零件是在直环槽轴零件的基础上进行加工编程的。在其右端面上加工 $\phi 22mm \times 32mm$ 的内孔，如图 3-29 所示。

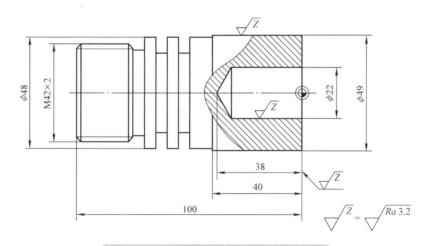

图 3-29　直环槽轴端面零件钻孔加工尺寸

本节主要介绍 $\phi 22mm \times 32mm$ 端面钻孔的数控加工编程方法。

3.5.1　数控加工工艺分析

（1）直环槽轴零件右端面钻孔加工工艺过程　直环槽轴零件右端面钻孔的加工工艺过程见表 3-26。

表 3-26 直环槽轴零件右端面钻孔的加工工艺过程

序号	工步名称	工步简图	说明
1	平端面	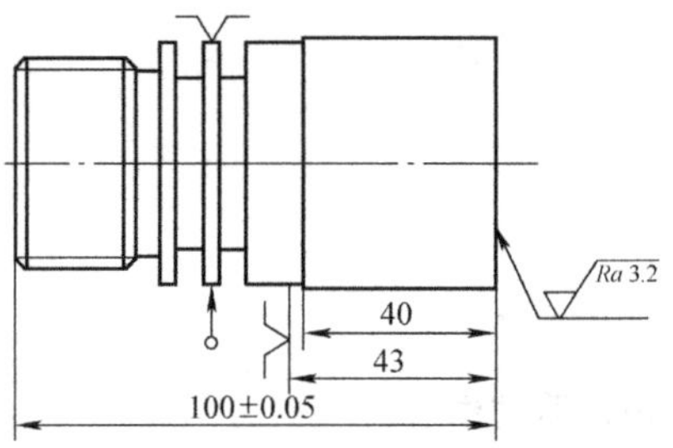	端面 $Ra3.2\mu m$，建立 Z 向加工基准
2	钻中心孔	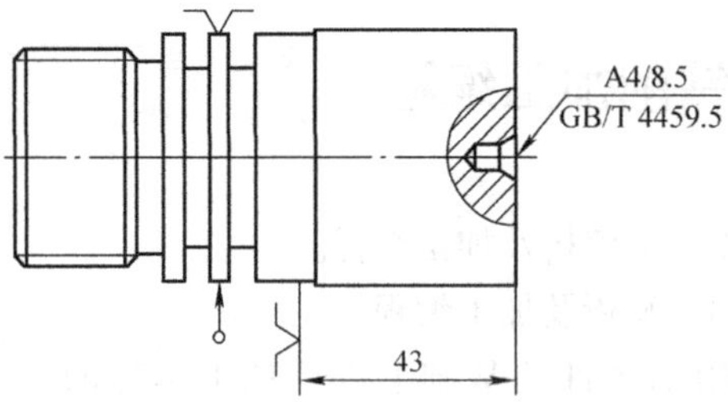	钻中心孔，A 型中心孔，$D=4mm$，$D_1=8.5mm$
3	钻削深孔	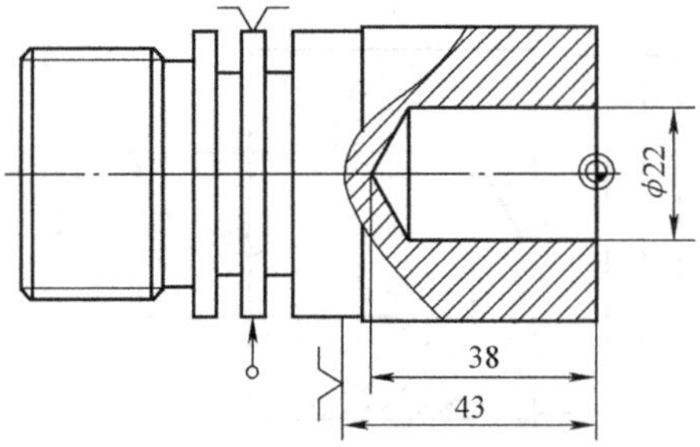	钻 $\phi22mm$、深 $38mm$ 的深孔
4	车削外圆	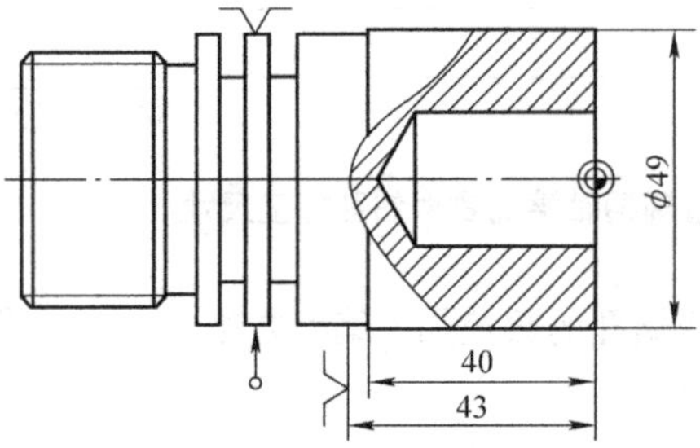	粗、精车 $\phi49mm\times40mm$ 外圆至尺寸

注：本节只重点介绍工序 2（钻中心孔）和工序 3（钻削深孔）的数控加工编程。

（2）刀具选择 零件的加工材料为硬铝（2A12），因此选择对应的铝材料钻孔加工 $\phi22mm$

的钻头。孔加工刀具及参考切削参数见表 3-27。

表 3-27 孔加工刀具及参考切削参数

刀具编号	刀具名称	切削参数			说明
		背吃刀量 a_p/mm	进给量 f/(mm/r)	主轴转速 /（r/min）	
T11	麻花钻	11	0.2	300	ϕ22mm
T12	中心钻	1.5	0.1	1000	A4

（3）夹具与量具选择

1）夹具：选用自定心卡盘。

2）量具：选用量具见表 3-28。

表 3-28 直环槽零件外螺纹加工中的测量量具

序号	量具名称	量程 /mm	测量位置	备注
1	游标卡尺	0~150	外径粗测量、长度测量	精度 0.02mm
2	钢直尺	150	毛坯装夹伸出长度	

（4）毛坯设置 直环槽轴端面孔零件加工毛坯采用 3.3 节中已经加工好的直环槽轴零件，材料牌号为 2A12。基于 3.2 节台阶轴、3.3 节直环槽轴、3.4 节直环槽轴外螺纹加工的基础上，调头加工零件另一端。

（5）编程原点设置 直环槽轴端面孔零件为典型的棒料毛坯型材（半成品）调头加工零件，一般建议将工件坐标系原点设置在毛坯型材的左端（G55），即将工件坐标系原点设置在 ϕ22mm 内孔右端面所在平面与轴中心线的交会处。

3.5.2 钻孔工艺循环指令简介及编程

西门子 828D 数控系统提供了丰富的工艺复合循环指令（又称为标准循环指令）。在钻孔循环加工编程中，系统提供了中心孔钻削循环指令（CYCLE81）和深孔钻削循环指令（CYCLE83），该循环指令提供了多种钻削加工类型，钻削方式选择灵活，编程便捷，孔加工表面质量高，且大大提升钻孔编程的效率和质量，在实际中被广泛应用。数控系统可实现在 G17（XY）、G18（ZX）、G19（YZ）3 个参考平面的钻孔切削编程，但在经济型数控车床的端面钻孔切削中，根据右手笛卡儿坐标系的规定只需选择 G17（XY）平面编程。

（1）中心孔钻削循环指令（CYCLE81）功能 该循环可完成孔定位、以刀尖或直径为参照的中心钻钻孔加工方式。

1）中心孔钻削循环指令（CYCLE81）格式。数控车削系统编译后的钻削循环指令（CYCLE81）格式如下：

CYCLE81(REAL RTP, REAL RFP, REAL_SDIS, REAL_DP, REAL_DPR, REAL_DTB, INT_GMODE, INT_DMODE, INT_AMODE)

中心孔钻削循环指令中的参数比前面的其他工艺循环指令参数相对较少，操作者只需理解各参数的含义，在界面中输入即可。中心孔钻削循环指令基本释义见表 3-29，也可参照图 3-30 进行释义。

表 3-29　中心孔钻削循环指令基本释义

序号	界面参数	编程操作	说明
1	PL	选择钻削参考平面	可选择 G17（XY）、G18（ZX）、G19（YZ）3 种不同的加工参考平面，端面钻孔选择 G17 平面
2	RP	设置钻削安全平面	
3	SC	设置钻削循环起点	
4	Z0	设置钻削起始点	钻削起始点一般在对刀平面，即设置为"0.000"
5	Z1	设置钻削终点	钻孔深度
6	DT	设置钻削完毕中心钻在孔底暂停的光整时间，单位为 s	钻孔加工完毕时，中心钻在孔底暂停的光整时间，单位为 s

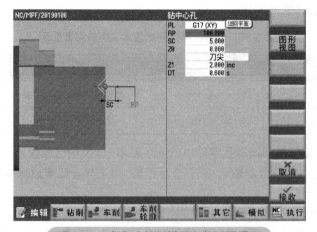

图 3-30　中心孔钻削循环参数设置界面

2）中心孔钻削类型选择。中心孔钻削复合循环中，提供了刀尖、直径两种加工方式，见表 3-30。

表 3-30　中心孔钻削循环操作界面参数对话框——加工方式选择

以"刀尖"为参考定钻削深度	以"直径"为参考定钻削深度

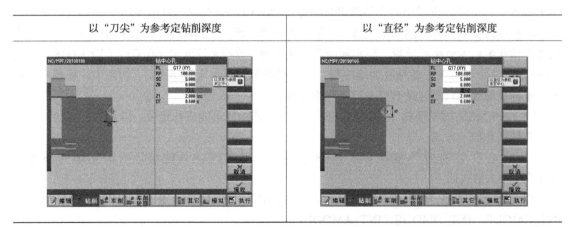

（2）深孔钻削循环指令（CYCLE83）功能　同样地，钻削循环指令（CYCLE83）可选择在"G17（XY）""G18（ZX）""G19（YZ）"3 种类型的平面上钻孔。该循环可完成孔的断屑和排屑加工的编程，以"刀尖"或"刀杆"为参照的深孔钻削编程。

1）深孔钻削循环指令（CYCLE83）格式。数控车削系统编译后的钻削循环指令（CYCLE83）格式如下：

CYCLE83(REAL RTP, REAL RFP, REAL SDIS, REAL_DP, REAL_DPR, REAL FDEP, REAL FDPR, REAL_DAM, REAL DTB, REAL DTS, REAL FRF, INT VARI, INT_AXN, REAL_MDEP, REAL_VRT, REAL_DTD, REAL_DIS1, INT_GMODE, INT_DMODE, INT_AMODE)

相比于中心孔钻削，深孔钻削循环指令中参数较多，西门子数控系统为深孔钻削循环指令的编程提供了很好的人机对话界面，不用记忆繁杂的参数（手工编程中的很多计算，刀具轨迹规划等工作都在系统内部自动完成）。操作者只需理解各参数的含义，在界面中输入即可。指令基本释义见表3-31，也可参照图3-31进行释义。

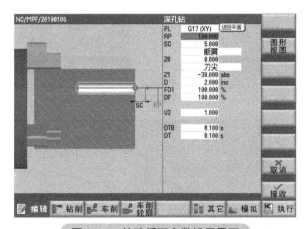

图 3-31　钻孔循环参数设置界面

表 3-31　深孔钻削循环指令（CYCLE83）编程界面说明

序号	界面参数	编程操作	说明
1	PL	选择钻削参考平面	可选择 G17（*XY*）、G18（*ZX*）、G19（*YZ*）3 种不同的加工参考平面，端面钻孔选择 G17 平面
2	RP	设置钻削安全平面	
3	SC	设置钻削循环起点	
4	Z0	设置钻削起始点	钻削起始点一般在对刀平面，即设置为"0"
5	Z1	设置钻削终点	钻孔深度
6	D	分次钻削深度	分多次钻深孔时，每次钻削的深度
7	FD1	设置钻入时的进给量百分比	钻削切入时的进给量，按照程序中给定进给量的百分比设定，应低于钻削进给量
8	DF	设置分次钻削钻入时的进给量百分比	分次钻削切入的进给量，按照程序中给定进给量的百分比设定，应低于钻削进给量、大于"FD1"进给量设置
9	U2	设置分次钻削完毕钻头的回退距离	分次钻削完毕后钻头回退的距离
10	DTB	设置分次钻削完毕钻头的暂停光整时间，单位为 s	分次钻削完毕后（需多次进刀、退刀钻削加工的深孔）暂停的断屑时间，单位为 s
11	DT	设置钻削完毕钻头在孔底暂停的光整时间，单位为 s	钻孔加工完毕时，钻头在孔底暂停的光整时间，单位为 s

2）深孔排屑方法选择。深孔钻削复合循环中，提供了手动排屑、自动加工排屑、断屑 3 种排屑方式，见表 3-32。

表 3-32　深孔钻削循环操作界面参数对话框——选择排屑方法

在加工时选择排屑的方法（手动加工方式）	在加工时选择排屑的方法（自动加工方式）
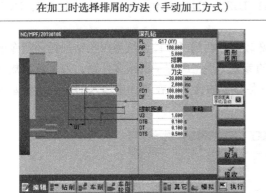	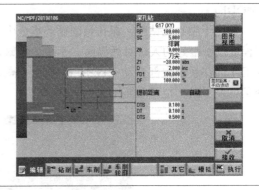

在加工时选择断屑的方法
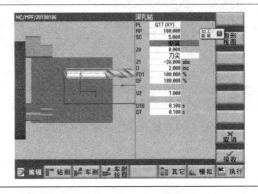

3）深孔钻削深度选择。深孔钻削复合循环中，提供了"刀杆""刀尖"两种钻削深度选择模式，即"以刀杆为钻孔的最大深度""以刀尖为钻孔的最大深度"两种加工方式，见表 3-33。

表 3-33　深孔钻削循环操作界面参数对话框——钻削深度模式选择

选择以刀柄为钻孔的最大深度	选择以刀尖为钻孔的最大深度
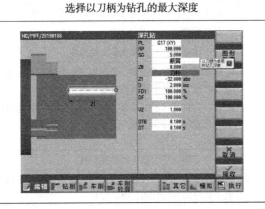	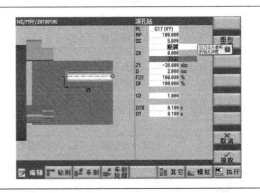

（3）直环槽轴零件孔钻削部分应用 CYCLE81、CYCLE83 指令的编程　孔钻削循环指令

（CYCLE81、CYCLE83）编写过程是在数控系统的屏幕上采用人机对话方式完成的，进入程序编辑界面后可按照以下主要步骤实施：

1）编写加工程序的程序信息及工艺准备内容程序段。

2）创建毛坯设置程序段。

直环槽轴零件端面孔的毛坯为已经加工的直环槽零件工件。"毛坯"通过系统面板键盘上的【 ○ 】键选择"圆柱体"。"XA"外直径输入"50.000"；"ZA"毛坯上表（端）面位置（设毛坯余量）输入"2.000"；"Z1"毛坯高度输入"100.000"(inc)；"ZB"伸出长度输入"46.000"(inc)。

3）选用加工刀具。93°外圆粗车刀（T1），1号刀沿，刀尖方位号为"3"，定义切削参数 S 为 1500r/min。

4）依据直环槽轴零件右端面钻孔加工工艺"工步 1"，编制右端面车削加工程序。

按系统屏幕下方水平软键中的〖车削〗进入车削要素选择界面，在界面右侧按〖切削〗软键，会弹出切削参数设置界面。在界面右侧按〖切削 1〗图标软键，在切削 1 界面的参数对话框内设置台阶轴零件平右端面切削循环参数（图 3-32）如下：

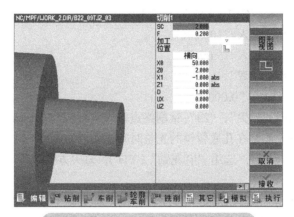

图 3-32 平右端面切削循环参数设置

① "SC"安全距离输入"2.000"，"F"进给量输入"0.200"。

② "加工"选择"▽"（粗加工）。

③ "位置"选取" "加工位置，端面加工选择"横向"走刀。

④ "X0" X 轴循环起始点输入"50.000"。

⑤ "Z0" Z 轴循环起始点输入"2.000"。

⑥ "X1" X 轴循环终点尺寸输入"–1.000"（abs），"Z1" Z 轴循环终点尺寸输入"0.000"(abs)。

⑦ "D"输入最大（单边）背吃刀量"1.000"。

⑧ "UX" X 轴单边留量输入"0.000"，"UZ" Z 轴单边留量输入"0.000"。

核对所输入的参数无误后，按右侧下方的〖接收〗软键。

5）编制加工刀具。选用"中心钻"（T12），1号刀沿，刀尖方位号为"7"，定义切削参数 S 为 1000r/min。编程原点（G55）设置在台阶轴右端面中心轴线处。

6）编写中心孔钻削循环程序段。按系统屏幕下方水平软键〖 钻削〗进入钻削要素选择界面，在界面右侧按软键〖 钻中心孔〗，会弹出"钻中心孔"切削参数设置界面，设置中心孔钻削编程参数（图 3-33）如下。

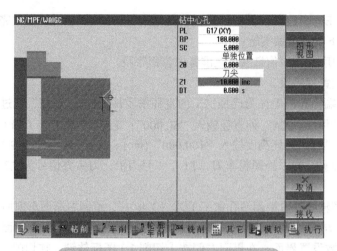

图 3-33　中心孔钻削循环参数设置界面

① "PL" 加工平面选择 "G17（XY）" 参考平面。

② "RP" 钻削安全平面输入 "100.000"。

③ "SC" 钻削循环起点输入 "5.000"。

④ 钻孔位置选择 "单独位置"。

⑤ "Z0" 钻削起始点输入 "0.000"。

⑥ 钻孔深度基准选择 "刀尖"，"Z1" 钻削终点输入 "–10.000"（inc）。

⑦ "DT" 钻削完毕中心钻在孔底暂停的光整时间输入 "0.600"（s）。

7）"中心钻"（T12）退刀，选用 "麻花钻"（T11），刀尖方位号为 "7"，定义切削参数 S 为 300r/min。

8）编写深孔钻削循环（CYCLE83）程序段。按系统屏幕下方水平软键中的〖 钻削 〗进入车削要素选择界面，在界面右侧按〖 深孔钻削 〗软键，会弹出 "深孔钻" 切削参数设置界面。按〖 深孔钻削1 〗软键进入 "深孔钻削 1" 循环参数设置界面，设置深孔钻削编程参数（图 3-34）如下：

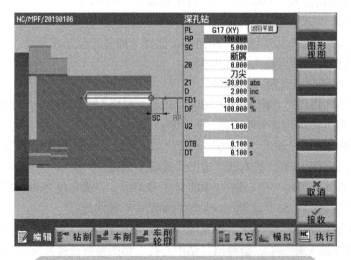

图 3-34　直环槽轴零件深孔钻削循环参数设置界面

① "PL" 加工平面选择 "G17（XY）" 参考平面。

② "RP"钻削安全平面输入"100.000","SC"钻削循环起点输入"5.000"。

③ 钻孔位置选择"单独位置",排屑形式选择"断屑"。

④ "Z0"钻削起始点输入"0.000"。

⑤ "Z1"的基准选择"刀尖"、"Z1"钻削终点(孔深)输入"–38.000"(abs)。

⑥ "D"分次钻削深度输入"2.000"(inc),"FD1"钻入时进给量百分比输入"100.000"(%)。

⑦ "DF"分次钻削钻入时的进给量百分比输入"100.000"(%)。

⑧ "U2"分次钻削完毕钻头的回退距离输入"1.000"。

⑨ "DTB"分次钻削完毕钻头的暂停光整时间输入"0.100"(s)。

⑩ "DT"钻削完毕钻头在孔底暂停的光整时间输入"0.100"(s)。

9)选用加工刀具。93° "精加工刀具_W"(T2),1号刀沿,刀尖方位号为"3",定义切削参数 S 为 2000r/min。

10)依据直环槽轴零件右端面钻孔加工工艺"工步 4",编制右端车削外圆加工程序。

按系统屏幕下方水平软键中的〖 车削 〗进入车削要素选择界面,在界面右侧按〖 切削 〗软键,会弹出切削参数设置界面。按〖 ▐▙ 〗软键进入"切削 2"循环参数设置界面,设置 ϕ49mm 外圆编程加工参数(图 3-35)如下:

① "SC"安全距离输入"2.000","F"进给量输入"0.100"。

② "加工"选择"▽▽▽"精加工,"位置"选择"▚""纵向"外轮廓纵向。

③ "X0" X 向起始点输入"50.000","Z0" Z 向起始点输入"0.000"。

④ "X1" X 向 终 点 输 入"49.000"(abs),"Z1" Z 向 终 点 输 入"–41.000"(abs) 或"41.000"(inc)。

⑤ "FS1"第 1 个倒直角输入"0.500","FS2""FS3"第 2 个、第 3 个倒直角均输入"0.000"。

按垂直软键中的〖接收〗,生成该轮廓的精车程序段。

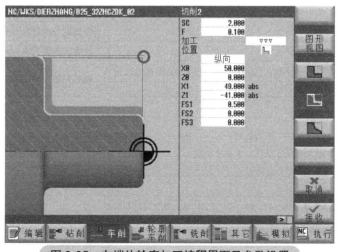

图 3-35　左端外轮廓加工编程界面及参数设置

11)编制直环槽轴端面孔零件的加工收尾程序段。

(4)直环槽轴外螺纹车削加工程序(ZHCZDK_02.MPF)的编制　按照以上步骤完成编制的直环槽轴端面孔参考加工程序见表 3-34。

表 3-34 直环槽轴端面孔钻削加工参考程序

;ZHCZDK_02.MPF		程序名：端面孔加工程序 ZHCZDK_02
;2018-12-01 BEIJING SUNXU-SUNYUDI		程序编写日期与编程者
N10	G54 G00 G18 G95 G40	系统工艺状态设置
N20	DIAMON	直径编程方式
N30	WORKPIECE(,,, "CYLINDER", 0, 2, 100, 46, 50)	毛坯设置
N40	T1D1	调用 1 号刀（粗加工刀具 _W），1 号刀沿
N50	M03 S1000	主轴正转，转速为 1000r/min
N60	Z100	快速到达 "安全位置"，先定位 Z 向
N70	X100	再定位 X 向
N80	X52Z2	
N90	CYCLE951(50, 2, -1, 0, -1, 0, 1, 1, 0, 0, 12, 0, 0, 0, 2, 0.2, 0, 2, 1110000)	平左端面
N100	G00 X100 Z200	
N110	T12D1	调用 12 号刀（中心钻），1 号刀沿
N120	M03 S1000	主轴正转，转速为 1000r/min
N130	G00 X0	快速定位至回转中心
N140	Z100	快速定位至钻削返回高度位置
N150	G01 F0.1	设置进给速度 F0.1
N160	CYCLE81(100, 0, 5,, -10, 0.6, 0, 1, 11)	调用钻中心孔复合循环
N170	G00 Z100	快速返回 "安全位置"
N180	X100	
N190	T11D1	调用 11 号刀（麻花钻），1 号刀沿
N200	M03 S300	主轴正转，转速为 300r/min
N210	X0	快速移动至回转中心
N220	Z100	快速定位至钻削返回高度位置
N230	G01 F0.2	设置进给量为 0.2mm/r
N240	CYCLE83(100,0,5,-38,,,2,100,0.1,0.5,100,0,0,1.2,1, 0.1, 1.6, 0, 1, 12211112)	深孔钻削
N250	G00 Z100	快速返回 "安全位置"
N260	X100	
N270	T2D1	调用 2 号刀（精加工刀具 _W），1 号刀沿
N280	M03 S2000	主轴正转，转速为 2000r/min
N290	G 0 X52 Z2	快速定位至切削起点
N300	CYCLE951(50, 0, 49, -41, 49, -41, 1, 1, 0.1, 0.1, 21, 0.5, 0, 0, 2, 0.1, 1, 2, 1110000)	精加工左端外轮廓
N310	G00 X100 Z100	快速返回 "安全位置"
N320	M05	主轴停转
N330	M30	程序结束并返回程序头

（5）直环槽轴端面孔零件参考加工程序的仿真加工　应用中心孔钻削循环指令

（CYCLE81）、深孔钻削循环指令（CYCLE83），直环槽轴端面孔零件参考加工程序的仿真校验如图 3-36 所示。

若要观察零件内部的仿真加工图形，可以按〖其它视图〗软键，看到下一级垂直软键后按〖剖面图〗软键等。按〖返回〗软键后回到上一级垂直软键界面。

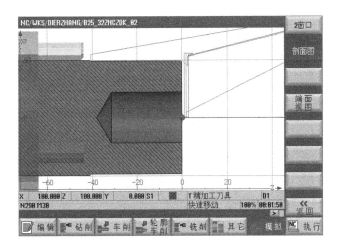

图 3-36　直环槽轴端面孔零件仿真模拟加工示意图

3.5.3　加工编程练习与思考题

（1）加工编程练习图 1　图 3-37 所示为光轴台阶孔零件加工尺寸，依据参考加工过程，编制光轴台阶孔零件钻孔加工程序。毛坯尺寸为 ϕ50mm × 100mm；材质为 2A12。

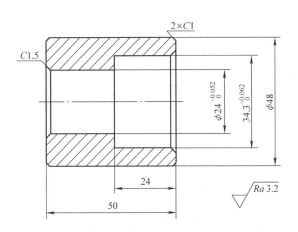

图 3-37　光轴台阶孔零件的加工尺寸（1）

参考加工过程如下：

1）平端面。

2）钻中心孔。

3）钻孔 ϕ22mm × 55mm。

4）粗、精车外圆面及倒角至图示尺寸。

（2）加工编程练习图2　图3-38所示为台阶轴阶梯孔零件，依据参考加工过程，编制台阶轴阶梯孔零件钻孔加工程序。毛坯尺寸为 ϕ50mm×100mm；材质为2A12。

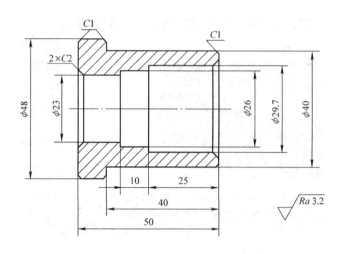

图3-38　台阶轴阶梯孔零件的加工尺寸（1）

参考加工过程如下：

1）平端面。

2）钻中心孔。

3）钻孔 ϕ22mm×55mm。

4）粗、精车外圆面及倒角至图示尺寸。

（3）思考题

1）钻孔之前为什么预先平端面、钻削中心孔？

2）简述深孔钻削循环指令（CYCLE83）中设置分次钻削功能的原因。

3）简述深孔钻削循环指令（CYCLE83）中设置分次钻削完毕之后的退刀功能的原因，并说明回退距离设置的依据。

4）简述应用基本指令与深孔钻削循环指令（CYCLE83）编制在钻孔加工程序中的优、缺点。

5）为什么钻孔时钻入的进给量应小于钻孔的进给量？

3.6　直环槽轴零件内轮廓（内孔）加工编程

本节学习内容如下。

1）应用基本指令编制内轮廓台阶孔数控加工程序。

2）应用车削循环指令（CYCLE951）编制内轮廓台阶孔数控加工程序。

直环槽轴内轮廓零件在3.4节直环槽轴零件端面钻孔加工的基础上进行加工编程，即在原有的 ϕ22mm×38mm 端面孔的基础上继续车削成 ϕ32mm×19.9mm、ϕ26mm×29.9mm 内轮廓和孔沿倒角 C2，如图 3-39 所示。

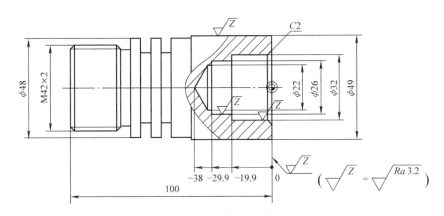

图 3-39　直环槽轴内轮廓零件加工尺寸

3.6.1　数控加工工艺分析

（1）直环槽轴零件内轮廓加工工艺过程　直环槽轴零件的内轮廓加工工艺过程见表 3-35。

表 3-35　直环槽轴零件内轮廓数控加工工艺过程

序号	工步名称	工步简图	说明
1	右端内轮廓粗加工		粗车削倒角 C2、ϕ31mm×19.8mm、ϕ25mm×29.8mm 内孔。 X 方向留 1mm 余量，Z 方向留 0.1mm 余量
2	右端内轮廓精加工		精车削倒角 C2、ϕ32mm×19.9mm、ϕ26mm×29.9 mm 内孔

（2）刀具选择　直环槽轴零件的材料为硬铝（2A12），因此选择对应的铝材料切削加工刀

具。其中 ϕ16mm 内孔粗车刀的刀尖圆弧半径为 0.8mm；ϕ16mm 内孔精车刀的刀尖圆弧半径为 0.2mm，刀尖方位号为"2"。切削参数（参考值）见表 3-36。

表 3-36 内轮廓加工刀具及参考切削参数

刀具编号	刀具名称	切削参数			说明
		背吃刀量 a_p/ mm	进给量 f/（mm/r）	主轴转速 /(r/min)	
T5	粗加工刀具 _N	1.5	0.3	1500	ϕ16mm
T6	精加工刀具 _N	0.5	0.1	2000	ϕ16mm

（3）夹具与量具选择

1）夹具。选用自定心卡盘。

2）量具。量具见表 3-37。

表 3-37 直环槽轴内轮廓加工测量量具

序号	量具名称	量程 /mm	测量位置	备注
1	游标卡尺	0~150	内径粗测量、长度测量	精度 0.02mm
2	内径百分表	18~32	内孔 ϕ26mm、ϕ32mm 测量	精度 0.01mm

（4）毛坯设置 直环槽轴内轮廓零件加工毛坯选择"管形"，"XA"外直径输入"49.000"，"XI"内直径输入"22.000"(abs)，"ZA"毛坯上表（端）面位置输入"0.000"，"Z1"毛坯长度尺寸输入"–100.000"（abs），"ZB"毛坯伸出长度输入"–43.000"（abs）。

（5）编程原点设置 直环槽轴内轮廓的加工属于典型的棒料毛坯型材（半成品）加工，因为调头二次装夹，一般建议将工件坐标系原点设置在内轮廓的右端（G55），即将工件坐标系原点设置在 ϕ32mm 内孔右端面所在平面与轴中心线的交会处。

3.6.2 基本指令编程

直环槽轴零件内轮廓的数控加工工艺安排是已经钻削好 ϕ22mm×38mm 孔（见 3.5 节），故可粗车 ϕ32mm 内孔和倒角 C2，再粗车 ϕ26mm 内孔，最后连续精车 C2 倒角、ϕ32mm 内孔和 ϕ26mm 内孔。

为便于程序编制，对内孔轮廓图形基点进行标识，如图 3-40 所示。

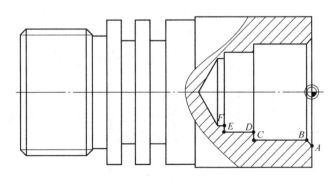

图 3-40 内轮廓图形基点标识示意图

应用基本指令编制的直环槽轴零件内轮廓加工参考程序见表 3-38。

表 3-38　基本指令编制的直环槽零件内轮廓加工参考程序

;NLK_01.MPF		程序名：内轮廓加工程序 NLK_01
;2018-11-01 BEIJING XIAOYUANYUAN		程序编写日期与编程者
N10	G55 G40 G95	系统工艺状态初始化，每转进给方式
N20	T5D1	调用 7 号刀（粗加工刀具 _N），1 号刀沿
N30	M03 S1500	主轴正转，转速为 1500r/min
N40	WORKPIECE(,,, "PIPE", 448, 0, -100, -43, 49, 22)	毛坯设置
N50	G00 Z100	快速定位至"安全位置"，先定位 Z 向，
N60	X100	再定位 X 向
; 粗车内轮廓		
N70	X21 Z2	快速进刀至切削起点
N80	X24	X 向切削进刀，背吃刀量为 1mm
N90	G10 Z-29.8 F0.3	直线插补，Z 向切削长度为 29.8mm，进给量为 0.3mm/r
N100	G00 X22	快速返回循环起点
N110	Z2	
N120	X25	X 向进给，背吃刀量为 0.5mm（单边）
N130	G01 Z-29.8 F0.3	Z 向切削长度为 29.8mm，进给量为 0.3mm/r
N140	G00 X22	快速退刀
N150	Z2	
N160	X28	X 向切削进刀，背吃刀量为 1.5mm（单边）
N170	G01 Z-19.8 F0.3	Z 向切削长度为 19.8mm，进给量为 0.3mm/r
N180	G00 X22	快速退刀
N190	Z2	
N200	X39	斜线倒角 C2 定位至初始点
N210	G01 X31 Z-2 F0.3	斜线倒角 C2 定位至终点
N220	Z-19.8	Z 向切削长度为 19.8mm，进给量为 0.3mm/r
N230	X22	快速退刀至切削循环起点
N240	Z2	
N250	G00 Z100 X100	快速返回至"安全位置"
; 精车内轮廓		
N260	T8D1	调用 8 号刀（精加工刀具 _N），1 号刀沿
N270	M03 S2000	主轴正转，转速为 2000r/min
N280	G00 Z100	快速定位至"安全位置"，先定位 Z 向，再定位
N290	X100	X 向
N300	X21 Z2	快速定位至切削循环起点
N310	X36	X 向进给
N320	G01 Z0 F0.1	直线插补至精加工起点 A，进给量为 0.1mm/r
N330	X32 CHR=2	内轮廓点 B，倒角 C2
N340	Z-19.9	内轮廓点 C
N350	X26	内轮廓点 D
N360	Z-29.9	内轮廓点 E
N370	G00 X21	快速轴线（X 向）方向退刀
N380	Z2	Z 向返回切入起点
N390	X100 Z100	返回"安全位置"
N400	M05	主轴停转
N410	M30	程序结束

3.6.3 应用CYCLE951指令的编程

车削循环指令（CYCLE951）同样可以用于内轮廓的加工编程，编写过程是在数控系统的屏幕上采用人机对话方式完成的。

（1）直环槽轴内轮廓零件车削循环指令（CYCLE951）编程过程 依据直环槽轴内轮廓零件的加工工艺安排，在直环槽轴加工编程（3.2节）、直环槽加工编程（3.3节）完成的基础上，应用车削循环指令（CYCLE951）完成内轮廓的加工编程。进入程序编辑界面后可以按照以下主要步骤实施：

1）编写加工程序的信息及工艺准备内容程序段。

2）直环槽轴零件内轮廓毛坯设置。直环槽轴零件内轮廓的毛坯为已经加工的直环槽零件端面内孔工件。"毛坯"选择"管形"，"XA"外直径输入"49.000"，"XI"内直径输入"22.000"(abs)，"ZA"毛坯上表面位置输入"0.000"，"ZI"毛坯高度输入"100.000"(inc)，"ZB"伸出长度输入"43.000"(inc)。

3）编制加工刀具。选用ϕ16mm"粗加工刀具_N"（T5），1号刀沿，刀尖方位号为"2"，定义切削参数 S 为 1500r/min。

4）编写ϕ26mm内孔粗车加工程序段。直环槽轴零件的内轮廓可以看作两个不同直径内孔的串联，这里分为两个内台阶孔进行车削粗加工。

选择"切削1"循环设置ϕ26mm内孔粗加工编程参数（图3-41）如下：

① "SC"安全距离输入"2.000"，"F"进给量输入"0.300"。

② "加工"选择"▽"粗加工，"位置"选择"𝈙""纵向"内轮廓纵向。

③ "X0"X向起始点输入"22.000"，"Z0"Z向起始点输入"0.000"。

④ "X1"X向终点输入"26.000"（abs），"Z1"Z向终点输入"–29.900"(abs)。

⑤ "D"最大背吃刀量输入"1.500"。

⑥ "UX"X向编程余量输入"0.500"，"UZ"Z向编程余量输入"0.100"。

5）编写ϕ32mm内孔粗车加工程序段。选择"切削2"循环设置ϕ32mm内孔粗加工编程参数（图3-42）如下：

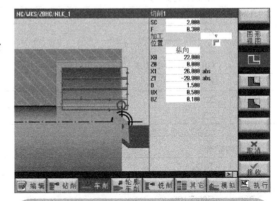

图3-41 ϕ26mm内轮廓粗加工编程参数设置界面及参数设置

① "SC"安全距离输入"2.000"，"F"进给量输入"0.300"。

② "加工"选择"▽"粗加工，"位置"选择"纵向""𝈙"内轮廓纵向。

③ "X0"X向起始点输入"25.000"，"Z0"Z向起始点输入"0.000"。

④ "X1"X向终点输入"32.000"（abs），"Z1"Z向终点输入"–19.900"(abs)。

⑤ "FS1"倒角输入"2.000"，"FS2"倒角输入"0.000"，"FS3"倒角输入"0.000"。

⑥ "D"最大背吃刀量输入"1.500"。

⑦ "UX"X向编程余量输入"0.500"，"UZ"Z向编程余量输入"0.100"。

6）ϕ16mm"粗加工刀具_N"（T5）退刀，选用ϕ16mm刀杆"精加工刀具_N"（T8），1号刀沿，刀沿位置为2，定义切削参数 S 为 2000r/min。

7）编写 ϕ32mm 内孔精车加工程序段。直环槽轴零件内轮廓精车可以分为两个内台阶孔进行车削精加工。

选择"切削 2"循环。ϕ32mm 内孔精车加工编程参数设置（图3-43）如下：

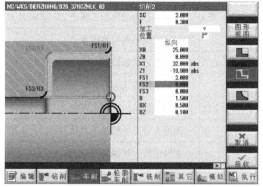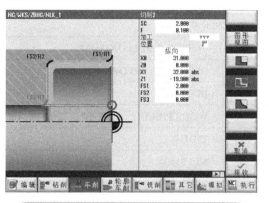

图3-42 ϕ32mm 内轮廓粗加工编程参数设置界面及参数设置

图3-43 ϕ32mm 内轮廓精车编程参数设置界面及参数设置

① "SC"安全距离输入"2.000"，"F"进给量输入"0.100"。

② "加工"选择"▽▽▽"精加工，"位置"选择"╝""纵向"内轮廓纵向。

③ "X0" X 向起始点输入"31.000"，"Z0" Z 向起始点输入"0.000"。

④ "X1" X 向终点输入"32.000"（abs），"Z1" Z 向终点输入"−19.900"（abs）。

⑤ "FS1"倒角输入"2.000"，"FS2"倒角输入"0.000"，"FS3"倒角输入"0.000"。

8）编写 ϕ26mm 内孔精车加工程序段。选择"切削 1"循环设置 ϕ26mm 内孔精车加工编程参数（图3-44）如下：

① "SC"安全距离输入"2.000"，"F"进给量输入"0.100"。

② "加工"选择"▽▽▽"精加工，"位置"选择"╝""纵向"内轮廓纵向。

③ "X0"X 向起始点输入"25.000"，"Z0" Z 向起始点输入"−19.900"。

④ "X1" X 向终点输入"26.000"（abs），"Z1" Z 向终点输入"−29.900"（abs）。

注：也可以继续选择"切削 2"循环，参数设置同"切削 1"，仅"FS1"倒角输入"0"。

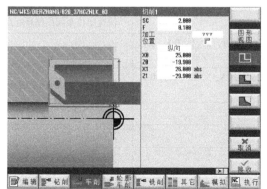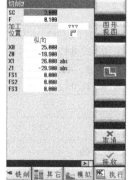

图3-44 ϕ26mm 内轮廓精车编程"切削 1"参数界面及参数设置或"切削 2"参数设置

9）编写直环槽轴零件的加工收尾程序段。

（2）直环槽轴内轮廓车削加工参考程序（ZHCZNLK_03.MPF）的编制　应用车削循环指令（CYCLE951）编制的直环槽轴内轮廓车削加工参考程序见表3-39。

表3-39　应用车削循环指令（CYCLE951）编制的直环槽轴内轮廓车削加工参考程序

;ZHCZNLK_03.MPF		程序名：内轮廓加工程序 ZHCZNLK_03
;2018-12-01 BEIJING HULIANGXUAN		程序编写日期与编程者
N10	G54 G00 G18 G95 G40	系统工艺状态设置
N20	DIAMON	直径编程方式
N30	WORKPIECE(,,, "PIPE", 256, 0, 100, 43, 49, 22)	毛坯设置
N40	T5D1	调用5号刀（粗加工刀具 _N），1号刀沿
N50	M03 S1500	主轴正转，转速为1500r/min
N60	Z100	快速到达"安全位置"，先定位Z向，再
N70	X100	定位X向
;粗车内轮廓		
N80	G00 X21 Z2	快速定位至循环起点
N90	CYCLE951(22, 0, 26, -29.9, 26, -29.9, 3, 1.5, 0.5, 0.1, 11, 0, 0, 0, 2, 0.3, 0, 2, 1110000)	粗切削 ϕ26mm×29.9mm 内孔
N100	CYCLE951(25, 0, 32, -19.9, 32, -19.9, 3, 1.5, 0.5, 0.1, 11, 2, 0, 0, 2, 0.3, 1, 2, 1110000)	粗切削 ϕ32mm×19.9mm 内孔
N110	G01 X21	轴线（X向）方向退刀
N120	Z2	Z向退回循环起点
N130	G00 X100 Z100	返回"安全位置"
;精车内轮廓		
N140	T8D1	调用8号刀（精加工刀具 _N），1号刀沿
N150	M03 S2000	精加工，转速为2000r/min
N160	G00 Z100	快速定位至"安全位置"
N170	X100	
N180	X21 Z2	快速定位至切削循环起点
N190	CYCLE951(31, 0, 32, -19.9, 32, -19.9, 3, 1, 0.1, 0.1, 21, 2, 0, 0, 2, 0.1, 1, 2, 1110000)	精切削 C2、ϕ32mm×19.9mm 内孔
N200	CYCLE951(25, -19.9, 26, -29.9, 26, -29.9, 3, 1.5, 0.5, 0.1, 21, 0, 0, 0, 2, 0.1, 0, 2, 1110000)	精切削 ϕ26mm×29.9mm 内孔
N210	G01 X21	轴线（X向）方向退刀
N220	Z2	Z向退回切入起点
N230	G00 X100 Z100	返回"安全位置"
N240	M05	主轴停转
N250	M30	程序结束

（3）直环槽轴内轮廓零件参考加工程序的仿真加工 应用车削循环指令（CYCLE951），直环槽轴内轮廓加工仿真模拟参见图 3-45。若要观察零件的局部加工形状，可以选择按〖详细资料〗软键，在看到下一级垂直软键后，根据需要按〖自动缩放〗〖缩放 + 〗或〖缩放 – 〗软键等。按〖返回〗软键后回到上一级垂直软键界面。

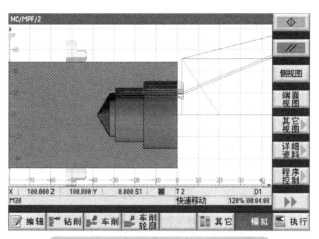

图 3-45　直环槽轴内轮廓加工仿真模拟

3.6.4　加工编程练习与思考题

（1）加工编程练习图 1　图 3-46 所示为光轴台阶孔零件加工尺寸，在 3.5.3 小节中"光轴台阶孔零件钻孔加工"的基础上，依据参考加工过程，编制光轴台阶孔零件内轮廓的车削加工程序。

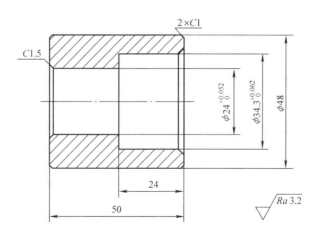

图 3-46　光轴台阶孔零件的加工尺寸（2）

参考加工过程如下：

1）~4）参见 3.5.3 节加工编程练习（略）。

5）粗车内孔 $\phi 24$mm，预留精加工余量；粗车内孔 $\phi 34.3$mm，预留精加工余量。

6）精车内孔 $\phi 34.3$mm×20mm 及倒角至图示尺寸；精车内孔 $\phi 24$mm×25mm 至图示尺寸。

（2）加工编程练习图2　如图3-47所示，依据参考加工过程，在3.5.3小节中"台阶轴阶梯孔零件钻孔加工"的基础上，编制台阶轴阶梯孔的内轮廓数控加工程序。毛坯尺寸为$\phi 50mm \times 100mm$；材质为2A12。

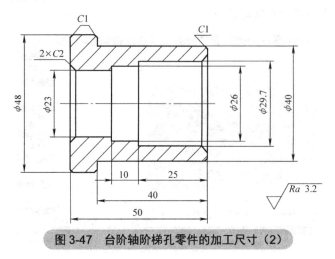

图 3-47　台阶轴阶梯孔零件的加工尺寸（2）

参考加工过程如下：

1）~4）参见 3.5.3 小节加工编程练习（略）。

5）粗车 $\phi 23mm$ 内孔，预留精加工余量；粗车 $\phi 26mm$ 内孔，预留精加工余量。

6）粗车 $\phi 29.7mm$ 内孔，预留精加工余量；精车 $\phi 29.7mm \times 25mm$ 内孔及倒角至图示尺寸。

7）精车 $\phi 26mm \times 10mm$ 内孔至图示尺寸；精车 $\phi 23mm \times 15mm$ 内孔至图示尺寸。

（3）思考题

1）内轮廓循环起点设置与外轮廓的区别是什么？

2）应用车削循环指令（CYCLE951）车削内轮廓时应注意哪些事项？简述与外轮廓车削的异同点。

3）简述基本指令编程与车削循环指令（CYCLE951）编程在内轮廓加工中的优、缺点。

4）简述应用车削循环指令（CYCLE951）编制台阶孔时先编制小孔的程序还是大孔的程序，并说明原因。

3.7　直环槽轴零件内沟槽加工编程

本节学习内容如下：

1）零件图样中尺寸中值的计算方法。

2）应用基本指令编制内沟槽车削加工程序。

3）应用凹槽车削循环指令（CYCLE930）编制内沟槽车削加工程序。

直环槽轴内沟槽零件是在 3.6 节"直环槽轴零件内轮廓（内孔）加工编程"的基础上进行加工编程，即在原有的 $\phi 32mm \times 19.9mm$、$\phi 26mm \times 29.9mm$ 内轮廓的基础上继续车削成 $\phi 28^{+0.052}_{0}mm \times 10mm$、$\phi 39.7^{+0.032}_{0} \times 20mm$ 及内轮廓边沿倒角 C2 和宽度 $4mm \times 2mm$（$\phi 43.7$）的内沟槽，如图 3-48 所示。

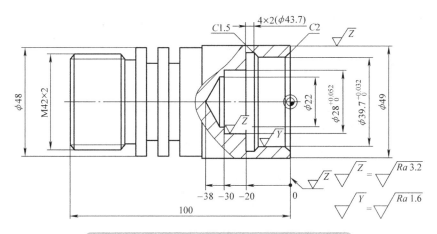

图 3-48　直环槽轴零件内轮廓和内沟槽加工尺寸

3.7.1　数控加工工艺分析

（1）直环槽轴零件内轮廓和内沟槽加工工艺过程　直环槽轴零件内轮廓和内沟槽加工工艺过程见表 3-40。

表 3-40　直环槽轴零件内轮廓和内沟槽加工工艺过程

序号	工步名称	工步简图	说明
1	右端内轮廓粗加工		粗车削 $\phi27\text{mm}\times10\text{mm}$、$\phi38.7\text{mm}\times19.9\text{mm}$ 的内孔，倒角 $C2$，即 X 向编程余量为 1mm，Z 向编程余量为 0.1mm
2	右端内轮廓精加工		精车削 $\phi28^{+0.052}_{0}\text{mm}\times10\text{mm}$、$39.7^{+0.032}_{0}\text{mm}\times20\text{mm}$ 的内孔，倒角 $C2$
3	右端内孔内沟槽加工		加工右端内孔的 $4\text{mm}\times2\text{mm}$（$\phi43.7\text{mm}$）的内沟槽、$C1.5$ 倒角

（2）刀具选择　依据零件的加工材料（2A12），选择对应的铝材料切削加工刀具。其中 $\phi22mm$ 内孔精车刀的刀尖圆弧半径为 0.2mm，刀尖方位号为 "2"。依据零件图中内沟槽的宽度 4mm，选用刀刃宽度 3mm 的硬质合金内切槽刀，刀尖方位号为 "3"。切削参数（参考值）见表 3-41。

表 3-41　内轮廓和内沟槽加工刀具及参考切削参数

刀具编号	刀具名称	切削参数			说明
		背吃刀量 a_p/mm	进给量 f/(mm/r)	主轴转速 I/(r/min)	
T3	切入刀具 _N	2	0.2	700	刃宽 3mm
T5	粗加工刀具 _N	1.5	0.3	1500	$\phi22mm$
T6	精加工刀具 _N	0.5	0.1	2000	$\phi22mm$

（3）夹具与量具选择

1）夹具。选用自定心卡盘。

2）量具。选择的量具见表 3-42。

表 3-42　内轮廓和内沟槽加工测量量具

序号	量具名称	量程 /mm	测量位置	备注
1	游标卡尺	0~150	外径测量、长度测量	精度 0.02mm
2	内径千分尺	18~32	内孔测量	精度 0.01mm
3	内径千分尺	30~50	内孔测量	精度 0.01mm
4	内测千分尺	30~55	内槽测量	精度 0.01mm

（4）毛坯设置　直环槽轴内轮廓和内沟槽零件加工毛坯采用 3.6 节中已经加工好的直环槽轴内轮廓零件，材料牌号为 2A12。

（5）编程原点设置　直环槽轴内轮廓内沟槽和内沟槽的加工属于典型的棒料毛坯型材（半成品）加工。若仅一次装夹，一般建议将工件坐标系原点设置在台阶轴的右端（G55），即将工件坐标系原点设置在内轮廓右端面所在平面与轴中心线的交会处。

3.7.2　基本指令编程

直环槽轴内轮廓和内沟槽的数控加工工艺安排是在已经车削 $\phi32mm\times19.9mm$、$\phi26mm\times29.9mm$ 内轮廓（见 3.6 节）的基础上，继续粗车、精车及倒角内轮廓，再进行内沟槽（螺纹退刀槽）的加工。

（1）直环槽轴零件内轮廓车削加工程序编制

1）编程思路。在加工编程时一般采用公称尺寸编程的方法。但针对尺寸精度要求较高、尺寸公差带不对称、偏移的情况，一般采用尺寸中值编程的方法。例如尺寸 $\phi28^{+0.052}_{0}mm$，一般编程时选择输入 "$\phi28$"，采用尺寸中值编程时则选择输入 $\phi28.026mm$。

2）内轮廓粗、精加工程序编制。假设直环槽轴零件台阶孔内轮廓已完成粗加工，应用基本指令进行精加工程序的编制。为便于程序编制，对内孔轮廓图形基点进行标识，如图3-49所示。

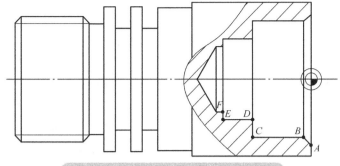

图 3-49 内孔轮廓图形基点标识示意图

编程前还需进行编程尺寸处理，即分别计算 $\phi 28^{+0.052}_{0}$mm 和 $\phi 39.7^{+0.032}_{0}$mm 的尺寸中值。计算公式为

$$尺寸中值 = 公称尺寸 + \frac{(上极限偏差 - 下极限偏差)}{2}$$

计算过程如下：

$\phi 28^{+0.052}_{0}$mm 的尺寸中值 =28mm+(0.052mm-0)/2=28.026mm。

$\phi 39.7^{+0.032}_{0}$mm 的尺寸中值 =39.7mm+(0.032mm-0)/2=39.716mm。

应用基本指令编制的直环槽轴零件内轮廓加工参考程序见表3-43。

表 3-43 基本指令编制的内轮廓加工参考程序

;NGC_01.MPF		程序名：内轮廓加工程序 NGC_01
;2018-11-01 BEIJING XIAOYUANYUAN		程序编写日期与编程者
N10	G55 G40 G95	系统工艺状态初始化，每转进给方式
N20	T5D1	调用 5 号刀（粗加工刀具 _N），1 号刀沿
N30	M03 S1500	主轴正转，转速为 1500r/min
N40	WORKPIECE(,,, "PIPE", 256, 0, 100, 43, 49, 26)	毛坯设置
N50	G00 Z100	快速定位至"安全位置"，先定位 Z 向，再定位 X 向
N60	X100	
N70	X22 Z2	快速定位至切削循环起点
;粗车内轮廓		
N80	X27	X 向切削进刀，背吃刀量为 1mm
N90	G01 Z-29.9 F0.3	直线插补，Z 向切削长度为 29.9，进给量为 0.3mm/r
N100	G00 X22	快速轴线（X 向）方向退刀
N110	Z2	快速返回 Z 向循环起点
N120	X34.2	X 向切削进刀，背吃刀量为 1.1mm（单边）
N130	G01 Z-19.9 F0.3	Z 向切削长度 19.9，进给量为 0.3mm/r
N140	G00 X22	快速轴线（X 向）方向退刀

（续）

; 粗车内轮廓

N150	Z2	快速返回 Z 向循环起点
N160	X36.4	X 向切削进刀，背吃刀量为 1.1mm（单边）
N170	G01 Z−19.9 F0.3	Z 向切削长度 19.9，进给量为 0.3mm/r
N180	G00 X22	快速轴线（X 向）方向退刀
N190	Z2	快速返回 Z 向循环起点
N200	X38.7	X 向切削进刀，背吃刀量为 1.15mm（单边）
N210	G01 Z−19.9 F0.3	Z 向切削长度 19.9，进给量为 0.3mm/r
N220	G00 X22	快速轴线（X 向）方向退刀
N230	Z2	快速返回 Z 向切入起点
N240	G00 X100 Z100	快速定位至"安全位置"

; 精车内轮廓

N250	T6D1	调用 6 号刀（精加工刀具 _N），1 号刀沿
N260	M03 S2000	主轴正转，转速为 2000r/min
N270	G00 Z100	快速定位至"安全位置"，先定位 Z 向，再定位 X 向
N280	X100	
N290	X43.716 Z2	X 向进刀
N300	G01 Z0 F0.1	直线插补至精加工起点 A，进给量为 0.1mm/r
N310	X39.716 CHR=2	内轮廓点 B，倒角 C2
N320	Z−20	内轮廓点 C
N330	X28.026	内轮廓点 D
N340	Z−30	内轮廓点 E
N350	G00 X22	快速轴线（X 向）方向退刀
N360	Z2	快速返回 Z 向切入起点
N370	X100 Z100	返回"安全位置"
N380	M05	主轴停转
N390	M30	程序结束

（2）直环槽轴零件内沟槽车削加工程序编制

1）工艺思路。当内沟槽尺寸精度、表面质量要求不高时，如螺纹退刀槽，可采用"仿形法"加工，即 4mm 的沟槽，直接使用 4mm 宽的沟槽刀加工。该方法加工效率高。

当内沟槽尺寸精度、表面质量要求较高时，如密封槽，可采用"余量法"加工，即 4mm 的沟槽，应使用切削刃宽 3~3.5mm 的沟槽刀加工。第 1 刀应去除槽中间的余量（越居中越好），则槽两侧的余量相对均匀，在切削完毕时槽两侧和槽底均留取合适的余量。第 2 刀加工去除沟槽左侧或者右侧加工余量，槽底留余量。第 3 刀加工去除沟槽右侧或者左侧加工余量，同时连续进给去除槽底余量（槽底光整加工）至左侧或者右侧。该方法加工精度高、表面质量好，虽加工效率低一些，但在实际加工中广泛应用。

2）内沟槽加工程序编制。采用"余量法"应用基本指令编制内沟槽的数控加工程序，程序段较为冗长，且容易出错，对编程者的数学计算能力、逻辑思维能力提出了更高的要求。应用基本指令编制的内沟槽参考程序见表3-44。

表3-44　基本指令编制的内沟槽加工参考程序

;NGC_02.MPF		程序名：内沟槽加工程序 NGC_02
;2018–11–01 BEIJING XIAOYUANYUAN		程序编写日期与编程者
N10	G55 G40 G95	系统工艺状态初始化，每转进给方式
N20	T3D1	调用3号刀（切入刀具 _N），1号刀沿
N30	M03 S700	主轴正转，转速为700r/min
N40	WORKPIECE(,,," PIPE", 256, 0, 100, 43, 49, 39.7)	毛坯设置
N50	G00 Z100	快速定位至"安全位置"，先定位Z向，再定位
N60	X100	X向
N70	X26 Z2	快速进刀至切削循环起点（切削刃左刀尖）
N80	G01 Z–19.5 F0.2	直线插补，Z向定位至19.5mm
N90	X43.6	X向切削进刀，背吃刀量为1.95mm（单边）
N100	X26	X向退刀
N110	Z–20	直线插补，Z向定位至20mm
N120	X43.6	X向切削进刀，背吃刀量为1.95mm（单边）
N130	X26	X向退刀
N140	Z–17.5	直线插补，Z向定位至17.5mm
N150	X39.7	倒角C1.5，也可用程序段 Z–19CHR=1.5 替代
N160	X41.2 Z–19	
N170	X43.7	背吃刀量为2mm（单边）
N180	Z–20	直线插补，Z向切削至20mm，槽底光整加工
N190	X26	X向退刀
N200	G00 Z2	Z向快速退刀，返回循环起点
N210	X100 Z100	返回"安全位置"
N220	M05	主轴停转
N230	M30	程序结束

3.7.3　应用标准工艺循环指令的编程

标准工艺循环指令编写过程是在数控系统的屏幕上采用人机对话方式完成的。

（1）直环槽轴内轮廓和内沟槽零件车削循环指令（CYCLE951）编程过程　依据直环槽轴内轮廓和内沟槽零件的加工工艺安排，是在直环槽轴内轮廓加工编程完成的基础上，应用车削循环指令（CYCLE951）继续完成扩大尺寸的内轮廓的加工编程。进入程序编辑界面后可以按照以下主要步骤实施：

1）编写加工程序的信息及工艺准备内容程序段。

2）创建内轮廓毛坯设置程序段。

直环槽轴内沟槽零件的毛坯为已经加工的直环槽零件内轮廓工件。"毛坯"选择"管形"。"XA"外直径输入"49.000"；"X1"内直径输入"26.000"(abs)；"ZA"毛坯上表面位置输入"0.000"；"Z1"毛坯高度输入"100.000"(inc)；"ZB"伸出长度输入"43.000"(inc)。

3）编制加工刀具：选用 ϕ22mm"粗加工刀具_N"（T5），1 号刀沿，刀沿位置为 2，定义切削参数 S 为 1500r/min。

4）编写 ϕ28mm 内孔粗车加工程序段。直环槽轴零件内轮廓和内沟槽可以看作 3 个不同直径内孔的串联，分为两个内台阶孔和一个内沟槽，这里先对两个内台阶孔进行车削粗加工。

选择"切削 1"循环设置 ϕ28mm 内孔粗加工编程参数（图 3-50）如下：

① "SC"安全距离输入"2.000"，"F"进给量输入"0.300"。

② "加工"选择"▽"粗加工，"位置"选择"纵向"内轮廓纵向。

③ "X0" X 向起始点输入"26.000"，"Z0" Z 向起始点输入"–19.900"。

④ "X1" X 向终点输入"28.000"(abs)，"Z1" Z 向终点输入"–30.000"(abs)。

⑤ "D"最大背吃刀量输入"1.500"。

⑥ "UX" X 向编程余量输入"0.500"，"UZ" Z 向编程余量输入"0.100"。

5）编写 ϕ39.716mm 内孔粗车加工程序段。由于存在工艺倒角加工，选择"切削 2"循环。ϕ39.716mm 内孔粗加工编程参数设置（图 3-51）如下（同理，其他参数设置与 ϕ28mm 内孔"切削 1"循环设置相同，仅部分参数需要修改）：

① "X0" X 向起点输入"32.000"，"Z0" Z 向起点输入"0.000"。

② "X1" X 向终点输入"39.716"(abs)，"Z1" Z 向终点输入"–20.000"(abs)。

③ "FS1"倒角输入"2.000"。

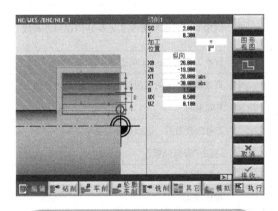

图 3-50 ϕ28mm 内轮廓粗加工编程参数
设置界面及参数设置

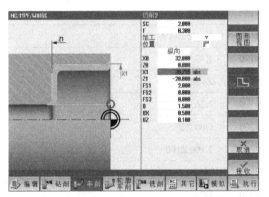

图 3-51 ϕ39.716mm 内轮廓粗加工编程参数
设置界面及参数设置

6）ϕ22mm"粗加工刀具_N"（T5）退刀，选用 ϕ16mm 刀杆"精加工刀具_N"（T6），1 号刀沿，刀沿位置为"2"，定义切削参数 S 为 2000r/min。

7）编写 ϕ39.716mm 内孔精加工程序段。由于存在工艺倒角加工，选择"切削 2"循环。

ϕ 39.716mm 内孔精加工编程参数设置（图 3-52）如下：

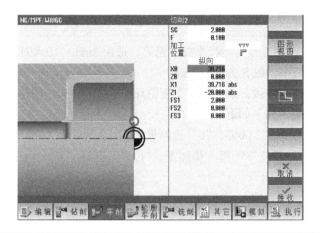

图 3-52 ϕ 39.716mm 内轮廓精加工编程参数界面及参数设置

① "SC" 安全距离输入 "2.000"，"F" 进给量输入 "0.100"。

② "加工" 选择 "▽▽▽" 精加工，"位置" 选择 "🐾" "纵向" 内轮廓纵向。

③ "X0" X 向起始点输入 "38.716"，"Z0" Z 向起始点输入 "0.000"。

④ "X1" X 向终点输入 "39.716" (abs)，"Z1" Z 向终点输入 "–20.000" (abs)。

⑤ "FS1" 倒角输入 "2.000"，"FS2" 倒角输入 "0.000"，"FS3" 倒角输入 "0.000"。

8）编写 ϕ 28mm 内孔精加工程序段。选择 "切削 1" 循环设置 ϕ 28 mm 内孔精加工编程参数（图 3-53）如下：

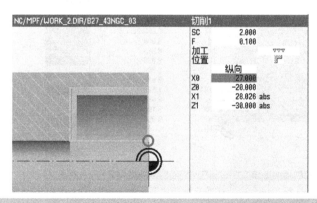

图 3-53 ϕ 28mm 内轮廓精加工编程 "切削 1" 参数界面及参数设置或 "切削 2" 参数设置

① "SC" 安全距离输入 "2.000"，"F" 进给量输入 "0.100"。

② "加工" 选择 "▽▽▽" 精加工，"位置" 选择 "🐾" "纵向" 内轮廓纵向。

③ "X0" X 向起点输入 "27.000"，"Z0" Z 向起点输入 "–20.000"。

④ "X1" X 向终点输入 "28.026" (abs)，"Z1" Z 向终点输入 "–30.000" (abs)。

> **注** 这里也可以选择 "切削 2" 循环，但需要将 "FS1" 倒角输入 "0.000"，如图 3-53 所示。

> 注：若取尺寸中值编制精加工程序，*X*向终点坐标值"X1"不能输入公称尺寸"39.7"，而需输入尺寸中值"39.716"；同理公称尺寸"28"需输入尺寸中值"28.026"。

9）ϕ16mm刀杆"精加工刀具_N"（T6）退刀，选用3mm"切入刀具_N"（T3），1号刀沿，刀沿位置为"2"，定义切削参数S为700r/min。

10）编写内沟槽加工程序段。选用凹槽车削循环（CYCLE930）凹槽2指令编写4mm×2mm内沟槽加工参数设置（图3-54）如下：

① "SC"安全距离输入"2.000"，"F"进给量输入"0.200"。

② "加工"选择"▽+▽▽▽"粗+精加工，"位置"选择"［内凹槽图标］"内凹槽，参考点选择"［图标］"内凹槽左下角。

③ "X0"参考点*X*向坐标输入"39.716"，参考点*Z*向坐标"Z0"，结合参考点位置选择"［图标］"输入"–20.000"。

④ "B1"凹槽底宽度输入"4.000"，"T1"凹槽深度（相对于X0）输入"2.000"（inc）。

⑤ "α1"侧面角度1输入"0.000"（°），"α2"侧面角度2输入"0.000"（°）。

⑥ "FS1""FS2""FS3"倒角均输入"0.000"，"FS4"倒角输入"1.500"。

⑦ "D"切入时的最大切深输入"0.000"，一刀到底方式。

⑧ "UX"*X*向精加工余量输入"0.100"，"UZ"*Z*向精加工余量输入"0.050"。

⑨ "N"凹槽数量输入"1"。

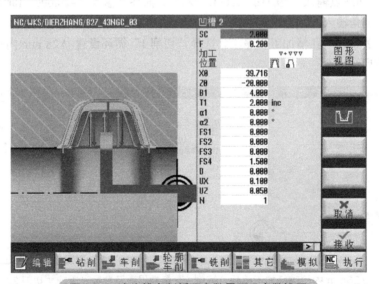

图3-54 内沟槽车削循环参数界面及参数设置

> 注：如果不按照图样内沟槽尺寸标注形式，改按槽宽4mm、底径43.7mm尺寸编写内沟槽车削参数设置，仅需要将"T1"凹槽深度（相对于X0）的（inc）选择为凹槽深度ϕ（abs），输入"43.716"即可。

11）编写直环槽轴内轮廓和内沟槽零件的加工收尾程序段。

（2）直环槽轴内轮廓和内沟槽加工参考程序（NGC_03.MPF）编制 应用车削循环指令（CYCLE951）和凹槽车削循环指令（CYCLE930）编制的直环槽轴内轮廓和内沟槽加工参考程

序见表3-45。

表3-45 直环槽轴内轮廓和内沟槽加工参考程序

;NGC_03.MPF	程序名：内轮廓加工程序 NGC_03
;2018-12-01 BEIJING HULIANGXUAN	程序编写日期与编程者
N10	G55 G00 G18 G95 G40	系统工艺状态设置
N20	DIAMON	直径编程方式
N30	WORKPIECE(,,, "PIPE", 256, 0, 100, 43, 49, 26)	毛坯设置
N40	T5D1	调用5号刀（粗加工刀具_N），1号刀沿
N50	G00 Z100	快速到达"安全位置"，先定位Z向，再定位X向
N60	X100	
N70	M03 S1500	主轴正转，转速为1500r/min
N80	X22 Z2	快速定位至起刀点
N90	CYCLE951(26, 0, 28, -30, 28, -30, 3, 1.5, 0.5, 0.1, 11, 0, 0, 0, 2, 0.3, 0, 2, 1110000)	粗切削 ϕ28.026mm×30mm 内孔
N100	CYCLE951(32, 0, 39.716, -20, 39.716, -20, 3, 1.5, 0.5, 0.1, 11, 2, 0, 0, 2, 0.3, 1, 2, 1110000)	粗切削 ϕ39.716mm×20mm 内孔
N110	G00 X22	快速轴线（X向）方向退刀
N120	Z2	Z向快速返回切入起点
N130	G00 X100 Z100	返回"安全位置"
N140	T6D1	调用6号刀（精加工刀具_N），1号刀沿
N150	M03 S2000	主轴正转，转速为2000r/min
N160	G00 X22 Z2	
N170	CYCLE951(38.716, 0, 39.716, -20, 39.716, -20, 3, 1, 0.1, 0.1, 21, 2, 0, 0, 2, 0.1, 1, 2, 1110000)	精切削 ϕ39.416mm×20mm 内孔
N180	CYCLE951(27, -20, 28.026, -30, 28.026, -30, 3, 1.5, 0.5, 0.1, 21, 0, 0, 0, 2, 0.1, 0, 2, 1110000)	精切削 ϕ28.026mm×30mm 内孔
N190	G00 X22	快速轴线（X向）方向退刀
N200	Z2	快速返回Z向切入起点
N210	G00 X100 Z100	快速返回"安全位置"
N220	T3D1	调用3号刀（切入刀具_N），1号刀沿
N230	M03 S700	主轴正转，转速为700r/min
N240	X37	快速定位至切削起点
N250	Z2	
N260	CYCLE930(39.716, -20, 4, 4, 2, 0, 0, 0, 0, 0, 1.5, 0.2, 0, 2, 10330, 1, -14, 0.2, 1, 0.1, 0.05, 2, 1111110)	加工内沟槽
N270	G00 X37	快速轴线（X向）方向退刀
N280	Z2	Z向退至切入起点
N290	G00 X100 Z100	返回"安全位置"
N300	M05	主轴停转
N310	M30	程序结束

（3）直环槽轴内轮廓和内沟槽零件参考加工程序的仿真加工　应用车削循环指令（CYCLE951）和凹槽车削循环指令（CYCLE930）编制的直环槽轴内轮廓和内沟槽加工参考程序的仿真模拟加工如图3-55所示。

若要观察零件更加细微的局部加工形状，可以按〖详细资料〗软键，在看到下一级垂直软键后，再按〖放大镜〗软键，零件图形上出现白色选择区框线，看到下一级垂直软键后，根据需要按〖放大镜＋〗或〖放大镜－〗软键，改变白色选择区大小及位置。按〖取消〗软键，可回到上一级垂直软键界面，按〖自动缩放〗软键则取消放大镜功能恢复原状态。按〖接收〗软键后，零件仿真加工界面被选择区的图形充满，以便于细致观察。

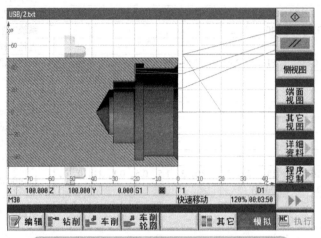

图 3-55　内轮廓和内沟槽仿真模拟加工示意图

3.7.4　加工编程练习与思考题

（1）加工编程练习图 1　图 3-56 所示为光轴台阶孔零件加工尺寸，在 3.6.4 小节加工编程练习图 1 中"光轴台阶孔零件内轮廓车削加工"完成基础上，依据参考加工过程，编制其 4mm×2mm 内沟槽数控车削加工程序。

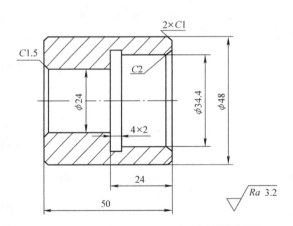

图 3-56　光轴台阶孔零件的加工尺寸（3）

参考加工过程如下：

1）~6）参见 3.6.4 小节加工编程练习（略）。

7）车削 4mm×2mm 退刀槽至图示尺寸。

（2）思考题

1）简述零件图样中尺寸中值的计算方法。

2）简述应用基本指令和凹槽车削循环指令（CYCLE930）编制内沟槽数控加工程序的优、缺点。

3）简述应用凹槽车削循环指令（CYCLE930）编制内、外沟槽的数控加工程序的不同点、关键点。

3.8　直环槽轴零件内螺纹加工编程

本节学习内容如下：

1）应用基本指令编制螺纹孔车削加工程序。

2）应用螺纹车削循环指令（CYCLE99）编制螺纹孔车削加工程序。

该零件在 3.7 节直环槽轴零件内沟槽加工的基础上进行加工编程，即在原有 ϕ39.7mm×16mm 内轮廓和 4mm×2mm 的内沟槽加工的基础上继续车削成 M42×2mm 内螺纹，如图 3-57 所示。

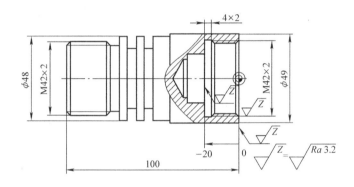

图 3-57　直环槽轴零件内螺纹加工尺寸

3.8.1　数控加工工艺分析

（1）零件内螺纹加工工艺过程　直环槽轴零件内螺纹数控加工过程见表 3-46。

表 3-46　直环槽轴零件内螺纹数控加工过程

序号	工步名称	工步简图	说明
1	右端内螺纹粗、精加工		车削右端 M42×2 的普通内螺纹

注：当零件加工为首件试切、调整时，螺纹工序需考虑粗加工工序和精加工工序。当调试合格后批量生产时，一般为"粗加工＋精加工"。本例采用"粗加工＋精加工"模式。

（2）刀具选择　零件的加工材料为硬铝（2A12），选择对应的铝材料切削加工刀具。普通内螺纹车刀选择刀尖圆弧半径为 0.2mm，螺纹背吃刀量大于 3mm 的内螺纹车刀，刀尖方位号为"6"。切削参数（参考值）见表 3-47。

表 3-47　台阶轴内轮廓加工刀具及参考切削参数

刀具编号	刀具名称	切削参数			说明
		背吃刀量 a_p/mm	进给量 f/(mm/r)	主轴转速 /(r/min)	
T10	螺纹车刀 _N		2	800	

（3）夹具与量具选择

1）夹具。选择自定心卡盘。

2）量具。选择的量具见表 3-48。

表 3-48　内螺纹加工测量量具

序号	量具名称	量程	测量位置	备注
1	游标卡尺	0~150 mm	外径粗测量、长度测量	精度 0.02 mm
2	螺纹塞规	M42×2	M42×2 螺纹	
3	百分表	0~5 mm	毛坯内径	精度 0.01 mm

（4）毛坯设置　加工毛坯采用 3.7 节中已经加工好的直环槽轴内轮廓和内沟槽零件，材料牌号为 2A12。如果单独车削内螺纹工件，则需要在安装（半成品）毛坯时使用百分表配合找正。

（5）编程原点设置　该内轮廓属于典型的棒料毛坯型材加工。一般建议将工件坐标系原点设置在内轮廓的右端，即将工件坐标系原点（G55）设置在 M42 内螺纹右端面所在平面与轴中心线的交会处。

3.8.2　基本指令编程

参照内螺纹的数控加工工艺，先加工螺纹底孔、倒角 C2，再加工 M42×2 内螺纹。

M42×2 普通内螺纹的底径计算如下：螺纹公称直径 d=42mm，螺纹底径（d_1）= 公称直径（d）−1.08252×螺距（P），螺纹底径 d_1=d−1.08252×P =42mm−1.08252×2mm≈39.835mm≈39.8mm。

在螺纹孔加工程序编制中，应用 G33 螺纹切削指令，采用等截面进刀方式，即螺纹背吃刀量递减的方式，共分 5 次进给，每次背吃刀量分别为 1.2mm、0.6mm、0.3mm、0.1mm、0mm。

应用 G33 基本指令编制内螺纹车削加工的参考程序见表 3-49。

表 3-49　基本指令编制内螺纹车削加工参考程序

;NLW_01.MPF	程序名：内螺纹加工程序 NLW_01
;2018–11–01 BEIJING XIAOYUANYUAN	程序编写日期与编程者
N10	G55 G40 G95	系统工艺状态初始化，每转进给方式
N20	T10D1	调用 10 号刀（螺纹车刀 _N），1 号刀沿
N30	M03 S800	主轴正转，转速为 800r/min
N40	WORKPIECE(,,, "PIPE", 256, 0, 100, 43, 49, 39.7)	毛坯设置

（续）

N50	G00 Z100	快速定位至"安全位置"，先定位 Z 向，再定位 X 向
N60	X100	
N70	X38 Z2	快速进刀至内螺纹起点
N80	X40.5	内螺纹切削进刀第 1 刀
N90	G33 Z−17 K2	内螺纹加工长度为 17mm，螺纹导程为 2mm
N100	G00 X38	退刀至螺纹起点，先退 X 向，再退 Z 向
N110	Z2	
N120	X41.3	内螺纹切削进刀第 2 刀
N130	G33 Z−17 K2	内螺纹加工长度为 17mm，螺纹导程为 2mm
N140	G00 X38	退刀至螺纹起点，先退 X 向，再退 Z 向
N150	Z2	
N160	X41.7	内螺纹切削进刀第 3 刀
N170	G33 Z−17 K2	内螺纹加工长度为 17mm，螺纹导程为 2mm
N180	G00 X38	退刀至螺纹起点，先退 X 向，再退 Z 向
N190	Z2	
N200	X42	内螺纹进刀第 4 刀
N210	G33 Z−17 K2	内螺纹加工长度为 17mm，螺纹导程为 2mm
N220	G00 X38	退刀至螺纹起点，先退 X 向，再退 Z 向
N230	Z2	
N240	X42	内螺纹进刀第 5 刀（光整加工）
N250	G33 Z−17 K2	内螺纹加工长度为 17mm，螺纹导程为 2mm
N260	G00 X38	退刀至螺纹起点，先退 X 向，再退 Z 向
N270	Z2	
N280	X100 Z100	快速返回至"安全位置"
N290	M05	主轴停止
N300	M30	程序结束并返回程序起始段

3.8.3　应用 CYCLE99 指令的编程

依据直环槽轴的数控加工工艺安排，在直环槽轴内轮廓与内沟槽加工编程完成的基础上，应用车削螺纹循环指令（CYCLE99）继续完成内螺纹的加工编程。进入程序编辑界面后可以按照以下步骤实施：

（1）直环槽轴零件内螺纹车削循环指令编程过程

1）编写加工程序的程序信息及工艺准备内容程序段。

2）直环槽轴内螺纹零件毛坯设置。参见 3.6 节内容。

若已经将内圆直径车削至内螺纹小径尺寸（ϕ39.835mm），则跳过 3）、4）两个步骤。

3）编制加工刀具。选用 ϕ16mm 刀杆"精加工刀具_N"（T6），1 号刀沿，刀沿位置为"2"，定义切削参数 S 为 2000r/min。

4）编写车削内螺纹小径尺寸精加工程序段。

由于存在工艺倒角加工，选择"切削 2"循环设置 ϕ39.835mm 内孔精加工编程参数（图 3-58）如下：

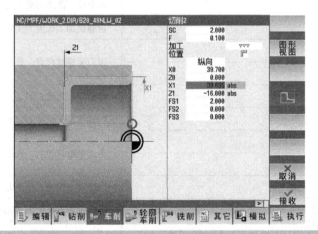

图 3-58 内螺纹小径（ϕ39.835mm）精加工编程参数界面及参数设置

① "SC"安全距离输入"2.000"，"F"进给量输入"0.100"。

② "加工"选择"▽▽▽"精加工，"位置"选择"▟"，"纵向"内轮廓纵向。

③ "X0"X 向起始点输入"39.700"，"Z0"Z 向起始点输入"0.000"。

④ "X1"X 向终点输入"39.835"(abs)，"Z1"Z 向终点输入"–16.000"(abs)。

⑤ "FS1"倒角输入"2.000"，"FS2"倒角输入"0.000"，"FS3"倒角输入"0.000"。

5）编写"精加工刀具_N"（T6）退刀，选用"螺纹车刀_N"（T10），1 号刀沿，刀尖方位号为"6"，定义切削参数 S 为 800r/min。

6）编写直环槽轴零件内螺纹车削加工程序段。直环槽轴零件内螺纹车削设置循环（CYCLE99）编程参数（图 3-59）如下：

① "输入"选择"完全"，"表格"螺纹类型选择"无"，"P"螺距输入"2.000"(mm/rev)，"G"每转螺距变化输入"0.000"。

② "加工"选择"▽ + ▽▽▽"粗 + 精加工方式，选择"递减""内螺纹"。

③ "X0"X 向参考点输入"39.700"，"Z0"Z 向参考点输入"0.000"。

④ "Z1"Z 向的螺纹终点输入"–16.000"(abs)。

⑤ "LW"螺纹导入距离输入"3.000"，"LR"螺纹导出距离输入"2.000"。

⑥ "H1"螺纹深度"1.083"（依据螺距 P 自动生成）。

⑦ "αP"进给斜率（角度）输入"30.000"（°），选择"↙"始终沿着一个齿面切削。

⑧ 使用系统键盘面板上的选择键【○】，可以使参数"D1"切换为"ND"。若选择"D1"，螺纹切削首次背吃刀量则显示"0.258"；若选择"ND"，粗切次数显示"5"。这两个数值是相关的，可以修改其中一个显示的数值，对应的另一个显示的数值也会改变。

⑨ "U"精加工余量输入"0.050"，"NN"空切数输入"1"，"UR"回退安全距离输入"0.200"。

⑩ "多头"选择为"否"，"α0"螺纹分度角度设置输入"0.000"（°）。

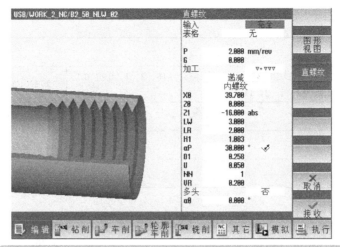

图 3-59　直环槽轴零件内螺纹编程参数设置界面（"完全"模式）

> **注：**多线螺纹或规律变化的变螺距螺纹车削编程时，需将螺纹车削循环界面的"输入"参数设置为"完全"；当单线螺纹车削编程时，可将螺纹车削循环指令（CYCLE99）界面的"输入"参数设置为"简单"。相比较于将"输入"参数设置为"完全"，"简单"的参数设置仅为15项，不用选择"表格""多头"和输入"G""VR""α0"等5个参数。本节为说明螺纹车削编程参数的设置，故采用图3-59中的"完全"参数设置模式说明。

7）编写直环槽轴内轮廓与内沟槽零件的加工收尾程序段。

（2）直环槽轴内螺纹车削加工参考程序（NLW_02.MPF）编制　应用螺纹车削循环（CYCLE99）指令编制的直环槽轴内螺纹车削加工参考程序见表3-50。

表 3-50　直环槽轴内螺纹车削加工参考程序

;NLW_02.MPF		程序名：内螺纹加工程序 NLW_02
;2018–12–01 BEIJING SUNXU		程序编写日期与编程者
N10	G55 G00 G18 G95 G40	系统工艺状态设置
N20	DIAMON	直径编程方式
N30	WORKPIECE(,,, "PIPE", 256, 0, 100, 43, 49, 39.7)	毛坯设置
N40	T6D1	调用6号刀（精加工刀具_N），1号刀沿
N50	G00 Z100	快速到达"安全位置"，先定位Z向，再定位X向
N60	X100	
N70	M03 S2000	主轴正转，转速2000r/min
N80	X30	快速定位至切削循环起点
N90	Z2	

（续）

;精车内螺纹小径尺寸

N100	CYCLE951(39.7, 0, 39.835, –16, 39.835, –16, 3, 1, 0.1, 0.1, 21, 2, 0, 0, 2, 0.1, 1, 2, 1110000)	精车内螺纹小径尺寸
N110	G01 X30	轴线（X向）方向退刀
N120	Z2	Z向退刀至切入起点
N130	G00 Z100	Z向快速退刀至安全位置

;车削内螺纹

N140	T10D1	调用 10 号刀（螺纹车刀 _N），1 号刀沿
N150	M03 S800	主轴正转，转速为 800r/min
N160	X38	快速到达"螺纹循环起点"
N170	Z2	
N180	CYCLE99(0, 39.7, –16, , 3, 2, 1.08254, 0.05, 30, 0, 5, 1, 2, 1310104, 4, 0.2, 0.258135, 0.5, 0, 0, 1, 0, 0.866, 1, , , , 102, 0)	调用复合循环指令车削内螺纹
N190	G01 X38	轴线（X向）方向退刀
N200	Z2	Z向退刀至切入起点
N210	G00 X100 Z100	返回"安全位置"
N220	M05	主轴停转
N230	M30	程序结束并返回程序头

（3）直环槽轴内轮廓零件参考加工程序的仿真加工　应用车削循环指令（CYCLE99）编制直环槽轴内螺纹参考加工程序的仿真模拟加工如图 3-60 所示。

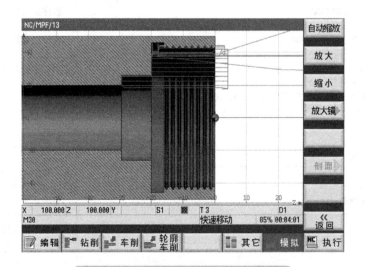

图 3-60　直环槽轴零件内螺纹仿真加工

3.8.4 加工编程练习与思考题

（1）加工编程练习图 1   图 3-61 所示为光轴台阶孔零件，在 3.7.4 小节加工编程练习图 1 内沟槽工序完成的基础上，依据参考加工过程编制其内螺纹孔的数控车削加工程序。

参考加工过程如下：

在 3.6 节加工编程练习图 1 的工序基础上车削加工。

1）~9）参见 3.7.4 小节加工编程练习（略）。

10）粗车 M36×1.5 内螺纹，留精加工余量。

11）精车 M36×1.5 内螺纹至图示尺寸。

12）切断，留总长余量。

13）调头平端面、倒角，保总长。

（2）加工编程练习图 2   如图 3-62 所示，依据参考加工过程，在 3.6.4 小节加工编程练习图 2 "台阶轴阶梯孔零件内轮廓加工"的基础上，编制台阶轴阶梯孔零件的内螺纹数控加工程序。毛坯尺寸为 $\phi 50mm \times 100mm$；材质为 2A12。

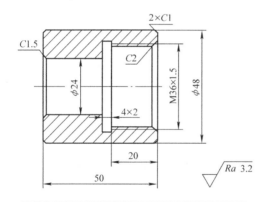

图 3-61 光轴台阶孔零件的加工尺寸（4）

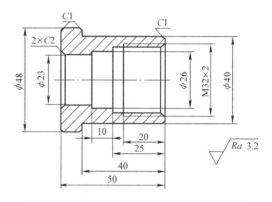

图 3-62 台阶轴阶梯孔零件的加工尺寸（3）

参考加工过程如下：

在 3.6 节加工编程练习图 2 的工序基础上车削加工。

1）~7）参见 3.6.4 小节加工编程练习（略）。

8）粗车 M32×2 内螺纹，留精加工余量。

9）精车 M32×2 内螺纹至图示尺寸。

10）切断，留总长余量。

11）调头平端面、倒角，保总长。

（3）思考题

1）简述内螺纹底径计算方法。

2）简述螺纹升速段和螺纹降速段的作用。

3）简述应用基本指令编程与螺纹车削循环指令（CYCLE99）编程在内螺纹编程中的异同点。

第4章
CHAPTER 4

▶ 数控车削综合编程与操作

4.1 常用编程指令格式（2）

本节学习内容如下：

1）G02、G03 圆弧插补指令。

2）G95、G96、LIMS 进给功能设定指令。

3）G40、G41、G42 刀具圆弧半径自动补偿指令。

4）子程序调用。

SINUMERIK 828D 数控系统提供了多样、个性化、操作便捷的基本指令，为加工编程提供了方便，实现了数控加工程序编制的便捷和高效。

本节加工编程中使用的基本指令释义如下。

（1）圆弧插补指令 G02、G03 针对加工图样中不同的圆弧尺寸标注形式，数控系统提供了对应的、功能强大的编程方法。可基于圆弧的终点和圆心坐标（绝对或相对尺寸）、圆弧的终点坐标和半径、圆弧张角和终点或者圆心坐标等形式编制圆弧车削程序。

1）编程格式：

```
G02/G03 X_Z_CR=_              ；终点绝对坐标（工件坐标系），CR= 圆弧半径
G02/G03 X_Z_I=AC(_)K=AC(_)    ；终点和圆心绝对坐标（工件坐标系）
G02/G03 X_Z_I_K_              ；终点绝对坐标、圆心相对于起点的矢量值
```

2）指令参数说明。

G02：顺时针方向的圆弧插补。

G03：逆时针方向的圆弧插补。

X、Z：圆弧终点坐标（绝对）。

I、K：圆弧圆心点坐标（绝对或者相对），相对于起点坐标的矢量值。

CR=：圆弧半径。

3）编程示例。编制图 4-1 所示的不同标注尺寸形式的圆弧车削加工程序。

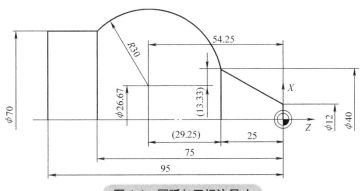

图4-1 圆弧加工标注尺寸

程序案例：

```
N125 G01 X40 Z-25 F0.2
N130 G03 X70 Z-75 CR=30                    ；圆弧终点坐标和圆弧半径
或
/N130 G03 X70 Z-75 I-13.33 K-29.25         ；圆弧插补，终点、增量尺寸圆心
/N130 G03 X70 Z-75 I=IC(-13.33)K=IC(-29.25)；圆弧插补，终点、增量尺寸圆心
/N130 G03 X70 Z-75 I=AC(26.67) K=AC(-54.25) ；圆弧插补，终点、绝对尺寸圆心
N135 G01 Z-95
```

说明：1）CR=：圆弧半径，CR=+…；角度小于或者等于180°；CR=-…；角度大于180°。

2）不需要执行的 NC 程序段在程序段号之前用符号"/"（斜线）标记要跳转；也可以几个程序段连续跳过。标记跳转符号的程序段中的指令不执行，运行的程序从其后的程序段继续执行。

（2）进给功能设定指令 G95、G96、LIMS

G95：进给量，单位为 mm/r。

指令功能：是以主轴转数为基准与 F（mm/r）指令配合使用的进给指令。

G96：主轴恒定切削速度，单位为 m/min。

指令功能：切削斜面或端面中，主轴转速会根据切削时的工件直径的不断变化而发生改变。"恒定切削速度"功能激活时，将使刀刃上的切削速度"S"（单位为 m/min 或 ft/min）保持恒定。保持均匀的切削速度，可以确保达到更好的表面质量，并且在加工时保护刀具。

LIMS=____：主轴最大转速设定，单位为 r/min。

指令功能：LIMS 指令一般与 G96 恒定切削速度配合应用，避免零件因加工直径过小而导致主轴转速过大，从而限制主轴的最大转速，以免安全事故发生。

编程示例1：

```
N10 G96 S100 LIMS=2500                     ；恒定切削速度为100m/min，最大转速
                                            为2500r/min

...

N60 G96 G90 X0 Z10 F0.1 S100 LIMS=444 ；最大转速=444r/min
```

编程示例 2 ：

```
N10 T="FINISHING_TOOL"
N20 G96 F0.1 S200 M4D1      ；进给量为 0.1mm/r，切削速度为 200m/min
N30 LIMS=3000              ；主轴最大转速为 3000r/min
N40….
```

（3）刀具圆弧半径自动补偿指令 G40、G41、G42 零件加工程序一般以刀具的某一点（通常情况下以假想刀尖）按零件图样进行编制。但实际加工中的车刀，由于工艺或其他要求，刀尖往往不是一个假想点，而是一段圆弧。切削加工时，实际切削点与理想状态下的切削点之间的位置有偏差，在锥体或者圆弧要素车削加工时，会造成"过切"或"少切"，影响零件的精度。因此，在编程中需进行刀尖圆弧半径补偿以提高零件精度，如图 4-2 所示。

G40 ：刀具半径自动补偿关闭。

G41 ：刀具半径自动左补偿，按程序刀路前进方向刀具在零件左侧进给。

G42 ：刀具半径自动右补偿，按程序刀路前进方向刀具在零件右侧进给。

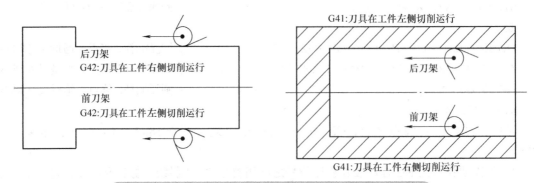

图 4-2　前、后车刀刀架设置对应的刀尖圆弧半径补偿指令

（4）子程序调用 在编制加工程序的过程中，有时会遇到一组程序段在一个程序中多次出现，或者几个程序中都要使用它。这个典型的加工程序可以做成固定程序，并单独命名，这组程序段就称为子程序。

在主程序中调用用户子程序，要么用地址 L 和子程序号，要么通过子程序名称来调用。子程序的调用要求占一个独立的程序段。子程序的调用格式主要如下：

1）用 L 调用：

L1000 Pn

调用 L1000 子程序 n 次。P 后的 n 表示调用次数，n 的范围为 1~9999 次。当 n 为 1 时 P 可省略。

2）通过子程序名来调用：

Turn26 Pn

表示调用 Turn26 子程序 n 次。

3）系统子程序是用来完成特定加工工艺的子程序，如钻孔类固定循环、铣削类固定循环。

4.2 传动轴零件的车削加工程序编制

本节学习内容如下：

1）轮廓车削循环指令（CYCLE952）释义及加工程序编制。

2）轮廓调用指令（CYCLE62）释义及加工程序编制。

3）综合应用车削循环指令 CYCLE951、CYCLE930，轮廓调用指令 CYCLE62，轮廓车削循环指令 CYCLE952，螺纹车削循环指令 CYCLE99 编制传动轴数控加工程序。

传 动 轴 零 件 左 端 由 ϕ24mm×8mm、ϕ30mm×12mm、ϕ36mm×25mm 3 个 外 圆 和 ϕ31mm×5mm 两个外沟槽组成。右端由大端为 ϕ32mm 外锥体、ϕ20mm×5mm 外沟槽和 M24 普通外螺纹组成，见图 4-3。

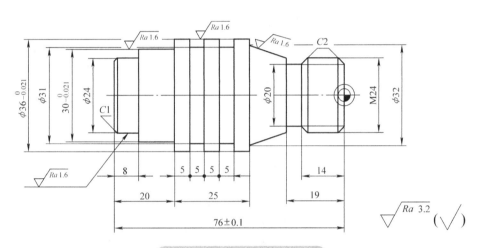

图 4-3 传动轴零件加工尺寸

4.2.1 数控加工工艺分析

（1）传动轴零件外螺纹加工工艺过程 传动轴零件外螺纹加工工艺过程见表 4-1。

表 4-1 传动轴零件外螺纹加工工艺过程

序号	工步名称	工步简图	说明
1	平左端面		左端面 $Ra3.2\mu$m，建立 Z 向加工基准

（续）

序号	工步名称	工步简图	说明
2	左端外圆粗加工	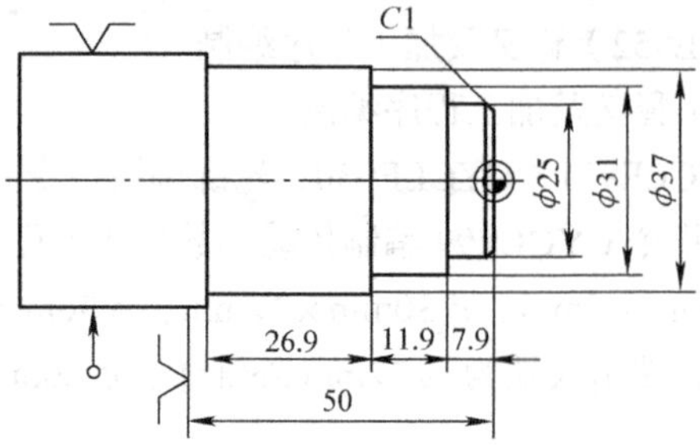	粗车削 $\phi 25mm \times 7.9mm$、倒角 $C1$、$\phi 31mm \times 11.9mm$、棱角倒钝 $C0.5$、$\phi 37mm \times 26.9mm$、棱角倒钝 $C0.5$。X 向编程余量为 1mm，Z 向编程余量为 0.1mm
3	左端外圆精加工	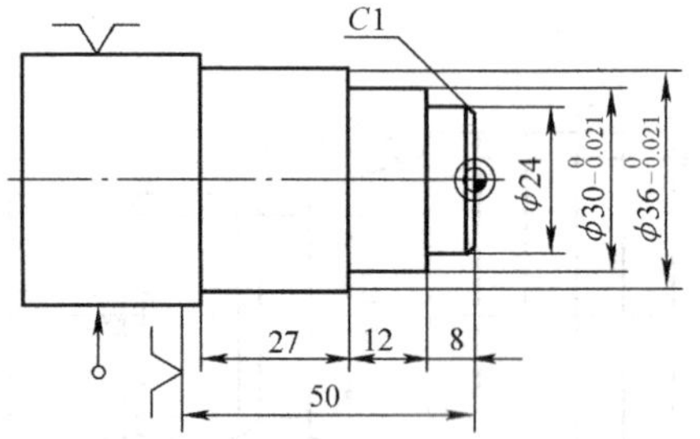	精车削 $\phi 24mm \times 8mm$、倒角 $C1$、$\phi 30mm \times 12mm$、棱角倒钝 $C0.5$、$\phi 36mm \times 27mm$、棱角倒钝 $C0.5$
4	左端外沟槽粗加工	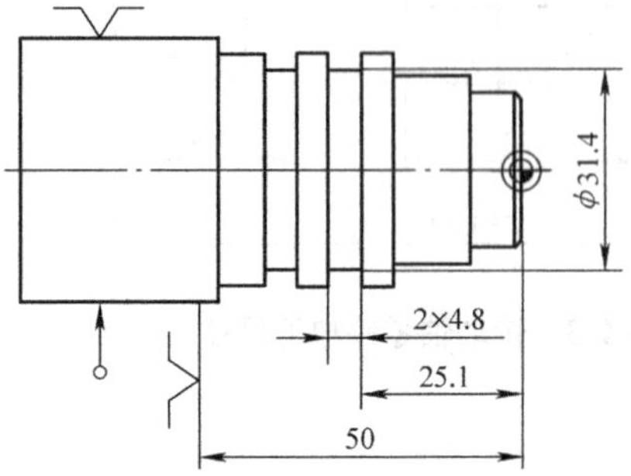	粗车削 $\phi 31.4mm \times 4.8mm$ 的两个外沟槽。X 向编程余量为 0.2mm，Z 向沟槽两侧编程余量各为 0.1mm
5	左端外沟槽精加工	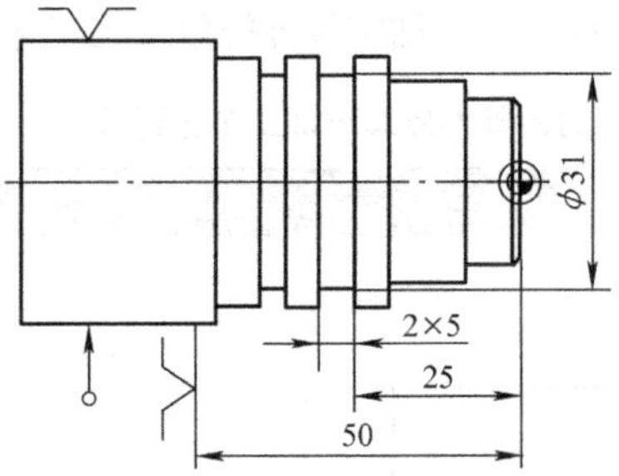	精车削 $\phi 31mm \times 5mm$ 两个外沟槽
6	调头保总长	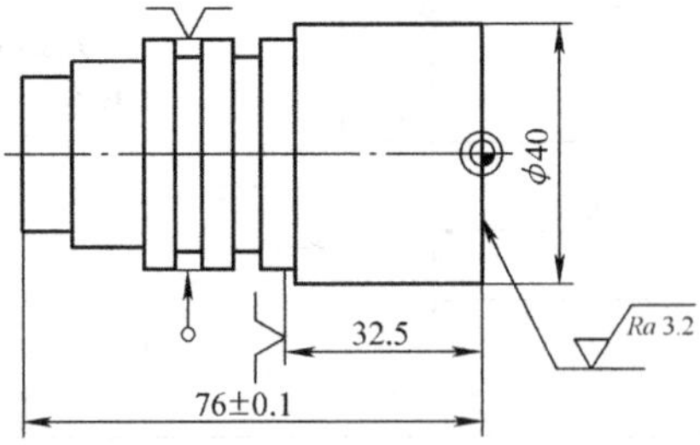	调头车削右端面，保证总长 $76 \pm 0.1mm$，右端面 $Ra3.2 \mu m$

（续）

序号	工步名称	工步简图	说明
7	右端外圆、外锥体、C2 倒角粗加工	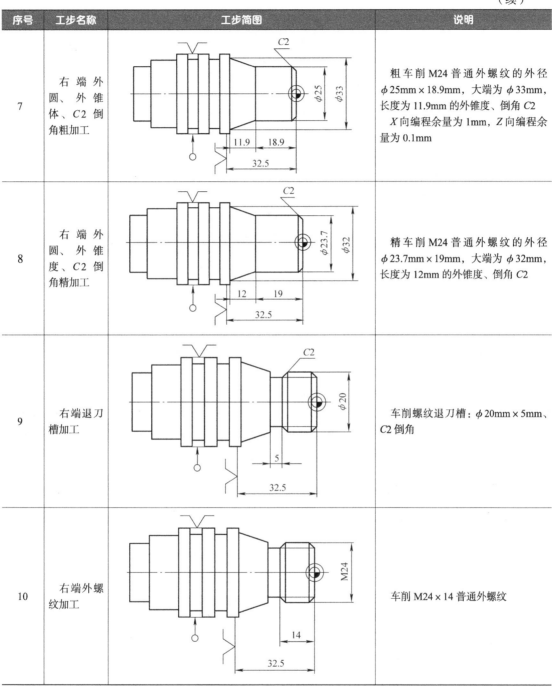	粗车削 M24 普通外螺纹的外径 $\phi25mm \times 18.9mm$，大端为 $\phi33mm$，长度为 11.9mm 的外锥度、倒角 C2 X 向编程余量为 1mm，Z 向编程余量为 0.1mm
8	右端外圆、外锥度、C2 倒角精加工		精车削 M24 普通外螺纹的外径 $\phi23.7mm \times 19mm$，大端为 $\phi32mm$，长度为 12mm 的外锥度、倒角 C2
9	右端退刀槽加工		车削螺纹退刀槽：$\phi20mm \times 5mm$、C2 倒角
10	右端外螺纹加工		车削 M24×14 普通外螺纹

（2）刀具选择　零件的加工材料为硬铝（2A12），因此选择对应的铝材料切削加工刀具。其中 93°外圆粗车刀的刀尖圆弧半径为 0.8mm，93°外圆精车刀的刀尖圆弧半径为 0.2mm，刀尖方位号 "3"。外沟槽刀的刃宽为 4mm、刀尖圆弧半径为 0.2mm，刀尖方位号为 "3"。普通外螺纹车刀的刀尖圆弧半径为 0.2mm，螺纹背吃刀量大于 3mm 的外螺纹车刀，刀尖方位号为 "8"。切削参数（参考值）见表 4-2。

表 4-2　传动轴加工刀具及参考切削参数

刀具编号	刀具名称	切削参数			说明
		背吃刀量 a_p/mm	进给量 f/（mm/r）	主轴转速 /（r/min）	
T1	粗加工刀具 _W	1.5	0.3	1500	93°、80°
T2	精加工刀具 _W	0.5	0.1	2000	93°、55°
T4	切入刀具 _W	4	0.2	1000	4mm
T9	螺纹车刀 _W		2	800	

（3）夹具与量具选择

1）夹具。选用自定心卡盘。

2）量具。量具见表 4-3。

表 4-3　传动轴加工测量量具

序号	量具名称	量程	测量位置	备注
1	游标卡尺	0~150mm	外径测量、长度测量	精度 0.02mm
2	千分尺	25~50mm	外径 ϕ30mm、ϕ36mm	精度 0.01mm
3	螺纹环规	M24	M24 外螺纹	
4	钢直尺	150mm	测量毛坯伸出长度	

（4）毛坯设置　传动轴零件加工毛坯选择切削性能较好的硬铝，材料牌号为 2A12；毛坯尺寸为 ϕ40mm × 78mm。

（5）编程原点设置　传动轴零件由典型的棒料毛坯型材加工。第一次装夹时，建议将工件坐标系原点设置在传动轴的左端（G54），即将原点设置在 ϕ24mm 轴右端面所在平面与轴中心线的交会处。零件调头第二次装夹时，建议将工件坐标系原点设置在 M24 螺纹的右端面（G55），即将原点设置在 M24 螺纹右端面所在平面与轴中心线的交会处。

4.2.2　工艺循环指令（CYCLE952）和轮廓调用指令（CYCLE62）简介

轮廓车削循环指令（CYCLE952）是比较常用的循环指令，其功能强大，能够完成常见的简单或复杂的零件轮廓车削。

（1）轮廓车削循环指令（CYCLE952）功能　使用轮廓车削循环指令（CYCLE952）可以加工简单或复杂的内、外轮廓。一个轮廓可以由各种轮廓元素组合而成，轮廓计算器编辑的轮廓绘图支持至少由两个元素组成，最多支持 250 个元素组成的复杂轮廓，绘制的元素包括水平直线、垂直直线、斜直线和圆或圆弧，同时含轮廓元素之间的过渡倒角、圆角。

车削轮廓循环指令（CYCLE952）可实现 X 向、Z 向或平行于轮廓的加工。在车削中，系统会自动考虑零件轮廓和毛坯轮廓。因此，必须先将毛坯轮廓定义为独立的封闭轮廓，再定义零件的车削轮廓。

1）车削轮廓循环指令（CYCLE952）格式。数控车削系统编译后的车削循环指令（CYCLE952）格式如下：

CYCLE952(STRING[100] _PRG,STRING[100] _CON,STRING[100] _CONR,INT _VARI,REAL _F, REAL _FR,REAL _RP,REAL _D,REAL _DX,REAL _DZ,REAL _UX,REAL _UZ,REAL _U,REAL _U1, INT_BL,REAL _XD,REAL _ZD,REAL _XA,REAL _ZA,REAL _XB,REAL _ZB,REAL _XDA,REAL _XDB, INT _N,REAL _DP,REAL _DI,REAL _SC,INT _DN,INT _GMODE,INT _

DMODE,INT _AMODE,INT _PK, REAL _DCH,REAL _FS)

同样地，车削轮廓（CYCLE952）格式的各参数繁杂，但在实际的编程应用中不用记忆，只需按照人机对话界面，填写必要的参数即可。指令基本释义见表4-4，台阶轴零件（外部轮廓、纵向车削）也可参照图4-4进行释义。

表4-4　车削轮廓循环指令（CYCLE952）编程操作界面说明

编号	界面参数	编程操作	说明
1	PRG	输入程序名称	给程序命名
2	余料	是/否	余料指型材或者基于上工序的加工余量
3	SC	输入安全距离	设置刀具与毛坯的距离，以防止碰撞
4	F	输入进给量	设置加工进给量
5	加工 ○	可选择"粗"加工 ▽	可选择轮廓加工、端面加工、轮廓平行（仿形加工）、外部（外轮廓）、内部（内轮廓）等加工部位与方式
		可选择"精"加工 ▽▽▽	
6	D	X向最大背吃刀量	X方向每次下刀的最大背吃刀量
7	UX	X轴加工余量	X向精加工余量
8	UZ	Z轴加工余量	Z向精加工余量
9	DI	输入进给停止距离	0＝无中断停止；＞0＝带中断停止
10	BL	可选择"圆柱体""余量""轮廓"	毛坯特征选择
11	XD ○	X向毛坯余量	该功能应用于仿形加工编程时X向、Z向的毛坯余量设置
12	ZD ○	Z向毛坯余量	
13	凹轮廓加工	是/否	零件中有凹槽时，参数需选择，可单独设置进给量
14	加工区限制	是/否	限制加工区域，参数需选择，可单独设置加工区域坐标

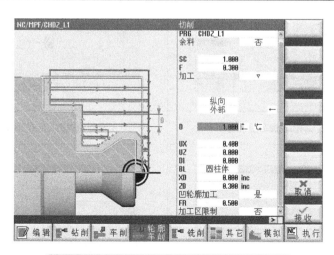

图4-4　车削零件轮廓车削循环参数设置界面

2）车削加工方式选择。车削轮廓循环指令中，提供了多样的外轮廓加工方式供选择，即"▽"粗加工、"▽▽▽"精加工、"▽+▽▽▽"粗＋精加工3种加工方式，如图4-4和表4-5所示。外轮廓粗加工方式和精加工方式选择提升了编程的效率。

表 4-5　轮廓车削操作界面参数对话框——加工方式选择

加工：精加工方式选择后的刀具轨迹	加工：粗＋精加工方式选择后的刀具轨迹
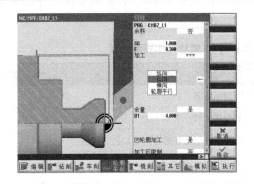	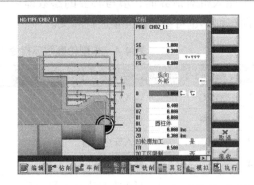

3）车削轮廓类型选择。轮廓车削循环指令功能强大，综合考虑切削加工类型，可实现外轮廓加工、内轮廓加工、端面切削循环加工、平行于轮廓（仿形）加工，见表 4-6。在凹轮廓加工时，需要对"凹轮廓加工"参数项选择"是"，就可单独设置进给量，一般会降低进给量，以实现优化切削参数、降低刀具磨损、提升编程及加工效率，见表 4-7。

表 4-6　轮廓车削操作界面参数对话框——车削轮廓类型选择

车削轮廓类型：外轮廓车削轨迹	车削轮廓类型：内轮廓车削轨迹
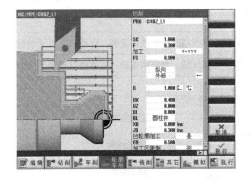	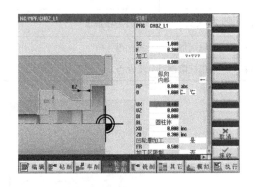
车削轮廓类型：端面轮廓车削轨迹	车削轮廓类型：仿形轮廓车削轨迹
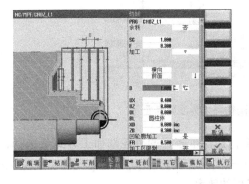	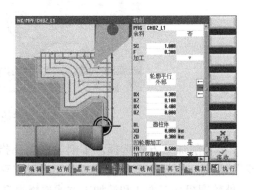

表 4-7　轮廓车削操作界面参数对话框——凹轮廓加工选择

有凹轮廓加工参数设置	无凹轮廓加工参数设置
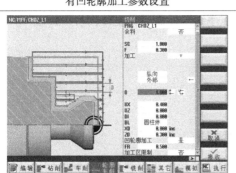	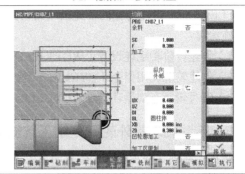

4）调用轮廓调用循环指令（CYCLE62）段。使用轮廓车削循环指令（CYCLE952）的前提条件：在调用轮廓车削循环指令（CYCLE952）前至少需要编写一个轮廓调用循环指令（CYCLE62）段。如果调用一个CYCLE62指令段，则表示该调用轮廓为"零件轮廓"；如果连续调用了两个CYCLE62指令段，则系统自动将第一个循环调用的轮廓识别为"毛坯轮廓"，第二个轮廓则是"零件轮廓"。

如果需要根据毛坯轮廓（非圆柱体或余量不均匀）进行车削加工，必须先定义毛坯轮廓，然后再定义零件轮廓。系统会通过定义的毛坯轮廓和零件轮廓确定加工量。

轮廓调用循环指令（CYCLE62）支持以下4种轮廓调用选择的方法：

① 轮廓名称：轮廓位于调用的主程序中。
② 标签：轮廓位于调用的主程序中，并受所输入标签的限制。
③ 子程序：轮廓位于同一工件的子程序中。
④ 子程序中的标签：轮廓位于子程序中，并受所输入标签的限制。

轮廓调用操作界面说明（"标签"法）见表4-8，同时可参照图4-5进行释义。

表 4-8　轮廓调用操作界面说明（"标签"法）

编号	界面参数	编程操作	说明
1	轮廓选择	选择轮廓调用选择的方法和形式	确定轮廓输入方式： 0＝子程序；1＝轮廓名称； 2＝标签；3＝子程序中的标签
2	LAB1	标签1，轮廓起始	可选择"AA"，也可以选择其他字母
3	LAB2	标签2，轮廓结束	可选择"BB"，也可以选择其他字母

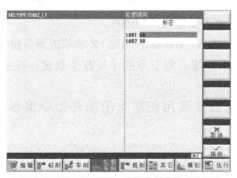

图 4-5　轮廓调用操作界面参数对话框

（2）轮廓车削循环指令（CYCLE952）编程过程　依据零件的数控加工工艺，应用轮廓车削循环指令（CYCLE952）编写轮廓车削程序，其中毛坯设置的方法与车削循环指令（CYCLE951）中论述的相同，此处不再赘述。进入程序编辑界面后，主体内容可以按照以下步骤实施编程：

1）创建台阶轴毛坯设置（WORKPIECE）程序段。

2）创建轮廓调用指令（CYCLE62）段。

3）编写轮廓车削循环指令（CYCLE952）程序段。

4.2.3　传动轴左端外轮廓车削工艺循环指令编程

依据传动轴零件左端外轮廓的加工工艺安排，本加工案例为了方便表达编程过程，没有按照"先粗后精、交叉结合"的工艺安排。进入程序编辑界面后可以按照以下步骤实施。

（1）传动轴左端外轮廓车削加工程序编制主要步骤

1）编写加工程序的信息及工艺准备内容程序段。

2）创建传动轴毛坯设置程序段。工件坐标系 G54，毛坯设置为棒料（圆柱体），"XA"外直径输入"40.000"。"ZA"毛坯上表面位置（设毛坯余量）输入"1.000"；"ZI"毛坯高度输入"–78.000"（abs）；"ZB"伸出长度输入"–50.000"（abs）。

3）编制加工刀具。选用 93°"粗加工刀具 _W"（T1），1 号刀沿，刀尖方位号为"3"，定义切削参数 S 为 1500r/min。

4）依据传动轴的数控加工工艺"工步 1"，编制平传动轴左端面车削加工程序。

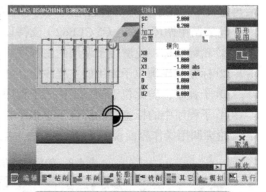

选择屏幕下方软键，按〖车削〗软键进入车削循环界面，在界面右侧按"车削 1"图标软键，在"切削 1"界面的参数对话框内设置传动轴零件平左端面切削循环参数（图 4-6）如下：

① "SC"安全距离输入"2.000"，"F"进给量输入"0.200"。

图 4-6　平左端面切削循环参数设置

② "加工"选择"▽"（粗加工）。

③ "位置"选取"⬚"加工位置，端面加工选择"横向"进给。

④ "X0" X 轴循环起始点输入"40.000"，"Z0" Z 轴循环起始点输入"1.000"。

⑤ "X1" X 轴循环终点尺寸输入"–1.000"（abs），"Z1" Z 轴循环终点尺寸输入"0.000"（abs）。

⑥ "D"最大（单边）背吃刀量输入"1.000"。

⑦ "UX" X 轴单边预留量输入"0.000"，"UZ" Z 轴单边预留量输入"0.000"。

核对所输入的参数无误后，按右侧下方的〖接收〗软键，在编辑界面的程序中出现"N90 CYCLE951（ ）"程序段。

5）传动轴左端外轮廓加工采用轮廓车削循环指令编程。创建轮廓调用循环指令（CYCLE62）段。

> 💡 提示：先创建轮廓调用指令（CYCLE62）段，然后再调用车削轮廓循环指令；否则会出现程序校验报警。

按系统屏幕下方水平软键中的〖车轮廓〗进入轮廓车削循环界面，在界面右侧按软键
〖轮廓〗，会弹出带有软键〖新建轮廓〗〖轮廓调用〗的
界面。按〖轮廓〗软键进入"轮廓调用"表格，
在"轮廓选择"项类型选择"标签"调用方式。
标签设置为"LAB1∶'AA'；LAB2∶'BB'"。

核对所输入的参数无误后，按右侧下方的
〖接收〗软键，在编辑界面的程序中出现"N100
CYCLE62（）"程序段。

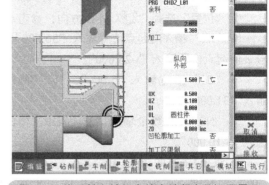

图4-7　传动轴左端粗车轮廓编程参数设置界面

6）依据传动轴的数控加工工艺过程"工步
2"，应用轮廓车削循环指令（CYCLE952），选
择"切削"循环指令设置传动轴左端粗车轮廓
车削循环的加工参数（图4-7）如下：

①"PRG"程序名称输入"CHDZ_L01"
（传动轴L01号程序）。

②"SC"安全距离输入"2.000"，"F"进给量输入"0.300"。

③"加工"选择"▽"粗加工方式，选择"纵向""外部"方式，加工方向选择"←"。

④"D"每次最大背吃刀量输入"1.500"，选择"│Ⅼ"总是沿轮廓返回，选择"↳↱"等深
切削。

⑤"UX"X向编程余量输入"0.500"，"UZ"Z向编程余量输入"0.100"。

⑥因传动轴零件非仿形加工，"XD""ZD"均输入"0.000"（inc）。

⑦"凹轮廓加工"因传动轴没有凹槽选择"否"。

核对所输入的参数无误后，按右侧下方的〖接收〗软键，在编辑界面的程序中出现"N110
CYCLE952（）"程序段。

7）依据传动轴的数控加工工艺"工步3"，应用轮廓车削循环指令（CYCLE952），选择"切
削"循环指令设置传动轴左端精车轮廓车削循环加工参数（图4-8）如下：

①"PRG"程序名称输入"CHDZ_L02"（传
动轴L02号程序）。

②"余料"选择"否"。

③"SC"安全距离输入"2.000"，"F"进给
量输入"0.100"。

④"加工"选择"▽▽▽"精加工，选择
"纵向""外部"，加工方向选择"←"。

⑤"余量"选择"否"，"凹轮廓加工"选择
"否"，"加工区限制"选择"否"。

核对所输入的参数无误后，按右侧下方的
〖接收〗软键，在编辑界面的程序中出现"N150
CYCLE952（）"程序段。

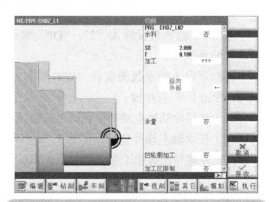

图4-8　传动轴左端精车轮廓编程参数设置界面

8）93°"粗加工刀具_W"（T1）退刀，选用"切入刀具_W"（T4），1号刀沿，刀尖方位
号为"3"，定义切削参数S为1000r/min。

9）依据传动轴的数控加工工艺"工步4"，应用车削循环指令（CYCLE930），选择"凹槽

1"循环指令设置传动轴左端粗车环槽的车削循环加工参数（图4-9）如下：

① "SC"安全距离输入"3.000"，"F"进给量输入"0.150"。

② "加工"选择"▽"（粗加工）方式。

③ "位置"选择""外径方向，参考点选择""凹槽右侧上部起始点。

④ "X0"槽X向起点位置输入"36.000"，"Z0"槽Z向起点位置输入"–25.000"。

⑤ "B1"槽宽输入"5.000"，"T1"槽的底径输入"31.000"（abs）。

⑥ "N"槽的数量输入"2"，"DP"槽的间距输入"–10.000"。

核对所输入的参数无误后，按右侧下方的〖接收〗软键，在编辑界面的程序中出现"N200 CYCLE930（ ）"程序段。

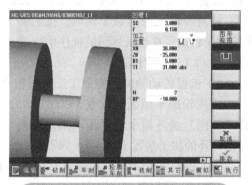

图4-9　传动轴左端环槽粗车（凹槽1）编程参数设置界面

10）依据传动轴的数控加工工艺"工步5"，应用车削循环指令（CYCLE930），选择"凹槽1"循环指令设置传动轴左端精车环槽的车削循环加工参数（图4-10）如下：

① "SC"安全距离输入"3.000"，"F"进给速度输入"0.150"。

② "加工"选择"▽▽▽"精加工方式。

③ "位置"选择""外径方向，参考点选择""凹槽右侧上部起始点。

④ "X0"槽X向起点位置输入"36.000"，"Z0"槽Z向起点位置输入"–25.000"。

⑤ "B1"槽宽输入"5.000"，"T1"槽的底径输入"31.000"（abs）。

⑥ "N"槽的数量输入"2"，"DP"槽的间距输入"–10.000"。

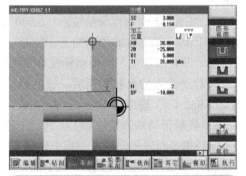

图4-10　车削循环（CYCLE930）循环（凹槽1）界面及精加工环槽参数设置

核对所输入的参数无误后，按右侧下方的〖接收〗软键，在编辑界面的程序中出现"N210 CYCLE930（ ）"程序段。

11）编写传动轴左端外轮廓加工的收尾程序段。

（2）传动轴左端外轮廓车削加工参考程序（CHDZ_L1.MPF）编制　按照以上步骤完成编制的传动轴左端外轮廓加工参考程序见表4-9。

表4-9　传动轴左端外轮廓加工参考程序

; CHDZ_L1.MPF		程序名：传动轴加工程序 CHDZ_L1
; 2018–12–01 BEIJING HULIANGXUAN		程序编写日期与编程者
N10	G54 G00 G18 G95 G40	系统工艺状态设置
N20	DIAMON	直径编程方式

（续）

N30	WORKPIECE(,,,"CYLINDER",192,1,−78,−50,40)	毛坯设置
N40	T1D1	调用1号刀（粗加工刀具_W），1号刀沿
N50	M03 S1500	主轴正转，转速为1500r/min
N60	Z100	快速到达"安全位置"，先定位Z向，再定位X向
N70	X100	
N80	X42 Z2	快速到达循环起点
N90	CYCLE951(40,1,−1,0,−1,0,1,1,0,0,12,0,0,0,2,0.2,0,2,1110000)	调用车削循环指令，平端面
N100	CYCLE62(,2,"AA","BB")	轮廓调用
N110	CYCLE952("CHDZ_L01",,"",2101311,0.3,0.5,0,1.5,0.3,0.1,0.5,0.1,0.1,4,1,0,0,0,0,0,0,2,2,,,0,2,11110000,12,1100010,1,0,)	调用车削轮廓复合循环指令，粗车左端外轮廓
N120	G00 X100 Z100	X、Z向返回"换刀位置"
N130	T2D1	调用2号刀（精加工刀具_W），1号刀沿
N140	M03 S2000	主轴正转，转速为2000r/min
N150	G00 X42 Z2	快速进给至循环起点
N160	CYCLE952("CHDZ_L02",,"",2101321,0.1,0.5,0,1.5,0.3,0.1,0.5,0.1,0.1,4,1,0,0,0,0,0,0,2,2,,,0,2,11110000,12,1100010,1,0,)	调用车削轮廓复合循环指令，精加工左端外轮廓
N170	G00 X100 Z100	返回"安全位置"，准备换刀
N180	T4D1	调用4号刀（切入刀具_W），1号刀沿
N190	M03 S1000	主轴正转，转速为1000r/min
N200	X40 Z2	快速到达循环起点
N210	CYCLE930(36,−25,5,5,31,,0,0,0,2,2,2,2,0.2,1.5,3,10520,,2,−10,0.15,0,0.2,0.1,2,1111100)	左端外沟槽粗加工
N220	CYCLE930(36,−25,5,5,31,,0,0,0,2,2,2,2,0.2,1.5,3,10520,,2,−10,0.15,0,0.2,0.1,2,1111100)	左端外沟槽精加工
N230	G00 X100	X向返回"安全位置"
N240	Z100	
N250	M05	主轴停止
N260	M30	程序结束返回程序开头
N270	AA : G1 X22	设置循环标签AA，轮廓起点
N280	Z0	直线插补
N290	X24 CHR=1	自动倒角C1
N300	Z−8	车外圆 φ24mm
N310	X29.989 CHR=0.5	锐角倒钝
N320	Z−20	车外圆 φ30mm（取中值）
N330	X35.989 CHR=0.5	锐角倒钝
N340	Z−46	车外圆 φ36mm（取中值）
N350	BB : X42	标签BB，轮廓终点

（3）传动轴左端外轮廓仿真加工　传动轴左端外轮廓粗、精车削加工程序和外沟槽粗、精加工程序的仿真模拟加工如图4-11所示。

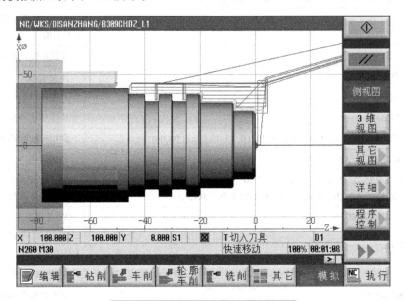

图4-11　传动轴左端轮廓仿真加工

4.2.4　传动轴右端外轮廓车削工艺循环指令编程

（1）传动轴右端外轮廓车削加工程序编制步骤

1）编写加工程序的信息及工艺准备内容程序段。

2）创建传动轴毛坯设置程序段。

工件坐标系G55，毛坯设置为棒料（圆柱体）。"XA"外直径输入"40.000"，"ZA"毛坯上表面位置（设毛坯余量）输入"1.000"，"ZI"毛坯高度输入"77.000"（inc），"ZB"伸出长度输入"32.500"（inc）。

3）编制加工刀具。选用93°"粗加工刀具_W"（T1），1号刀沿，刀尖方位号为"3"，定义切削参数S为1500r/min。

4）依据传动轴的数控加工工艺"工步6"，编制调头保总长（平右端面）加工程序。

选择屏幕下方软键，按〖车削〗软键进入车削循环界面，在界面右侧按"切削1"图标软键，在"切削1"界面的参数对话框中设置传动轴零件平右端面切削循环参数（图4-12）如下：

① "SC"安全距离输入"2.000"，"F"进给量输入"0.120"。

② "加工"选择"▽"粗加工。

③ "位置"选取"⌐"，端面加工为"横向"进给，由大径处向中心方向车削。

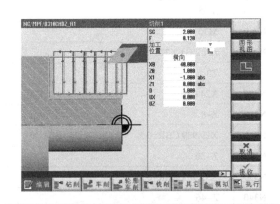

图4-12　传动轴平右端面参数设置界面及参数设置

④ "X0" X 轴循环起始点输入 "40.000"，"Z0" Z 轴循环起始点输入 "1.000"。

⑤ "X1" X 轴循环终点尺寸输入 "−1.000"（abs），"Z1" Z 轴循环终点尺寸输入 "0.000"（abs）。

⑥ "D" 最大（单边）背吃刀量（吃刀量）输入 "1.000"。

⑦ "UX" X 轴单边留量输入 "0.000"，"UZ" Z 轴单边留量输入 "0.000"。

核对所输入的参数无误后，按右侧下方的〖接收〗软键，在编辑界面的程序中出现 "N90 CYCLE951（）" 程序段。

5）依据传动轴的数控加工工艺 "工步 7"（右端外圆、外锥体、C2 倒角粗加工），应用轮廓车削循环指令（CYCLE62 和 CYCLE952）编写传动轴右端外轮廓粗车削程序。

先编写传动轴零件右端轮廓（右端外圆、外锥体、C2 倒角粗加工），创建轮廓调用（CYCLE62）指令段。"轮廓选择" 项类型选择 "标签" 调用方式。标签设置为 "LAB1：'CC'；LAB2：'DD'"。

核对所输入的参数无误后，按右侧下方的〖接收〗软键，在编辑界面的程序中出现 "N100 CYCLE62（）" 程序段。

再应用复合车削循环指令（CYCLE952），选择 "切削" 循环指令设置传动轴右端外轮廓程序。车削循环参数界面及粗加工参数（图 4-13）如下：

① "PRG" 程序名称输入 "CHDZ_R01"（传动轴 R01 号程序）。

② "SC" 安全距离输入 "2.000"，"F" 进给量输入 "0.300"。

③ "加工" 选择 "▽"（粗加工）方式，选择 "纵向" "外部"，加工方向选择 "←—"。

④ "D" 每次最大背吃刀量输入 "1.500"，选择 "⌐" 总是沿轮廓返回，选择 "↳" 等深切削。

⑤ "UX" X 向编程余量输入 "0.500"，"UZ" Z 向编程余量输入 "0.100"，因传动轴零件非仿形加工 "XD" "ZD" 均输入 "0.000"（inc）。

⑥ "凹轮廓加工" 因传动轴没有凹槽选择 "否"，"加工区限制" 选择 "否"。

核对所输入的参数无误后，按右侧下方的〖接收〗软键，在编辑界面的程序中出现 "N110 CYCLE952（）" 程序段。

6）依据传动轴的数控加工工艺 "工步 8"，编写传动轴右端外轮廓精车削循环程序，应用轮廓车削循环指令（CYCLE952）选择 "切削" 循环指令，设置传动轴右端外轮廓精车削程序参数界面及精加工参数（图 4-14）如下：

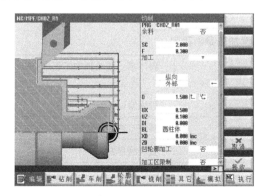

图 4-13　车削循环参数界面及粗加工参数

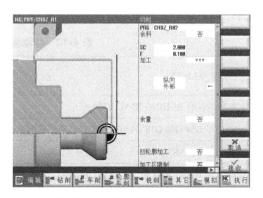

图 4-14　传动轴右端面外轮廓精车削参数设置界面及参数设置

① "PRG"程序名称输入"CHDZ_R02"（传动轴 R02 号程序）。

② "余料"选择"否"。

③ "SC"安全距离输入"2.000"，"F"进给量输入"0.100"。

④ "加工"选择"▽▽▽"精加工，选择"纵向""外部"，即外轮廓纵向精加工模式。

⑤ "余量"选择"否"。

⑥ "凹轮廓加工"选择"否"，"加工区限制"选择"否"。

核对所输入的参数无误后，按右侧下方的〖接收〗软键，在编辑界面的程序中出现"N160 CYCLE952（ ）"程序段。

7）依据传动轴的数控加工工艺"工步9"（右端退刀槽加工），应用车削循环指令（CYCLE930），选择"凹槽2"循环指令设置传动轴右端退刀槽车削循环加工参数（图4-15）如下：

① "SC"安全距离输入"3.000"，"F"进给量输入"0.150"。

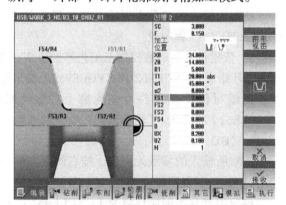

图 4-15　车削循环指令（CYCLE930）界面及退刀槽编程参数设置

② "加工"选择"▽+▽▽▽"粗+精加工方式，"位置"选择"┗┛""┗┛"。

③ "X0"槽 X 向起点位置输入"24.000"，"Z0"槽 Z 向起点位置输入"-14.000"。

④ "B1"槽宽输入"5.000"，"T1"槽的底径输入"20.000"（abs）。

⑤ "α1"角度输入"45.000"（°），"α2"输入"0.000"（°）。

⑥ "FS1"输入"2.000"，"FS2""FS3""FS4"均输入"0.000"。

⑦ "D"每次最大背吃刀量输入"0.000"（一刀到底）。

⑧ "UX"X 向编程余量输入"0.200"，"UZ"Z 向编程余量输入"0.100"。

⑨ "N"槽的数量输入"1"。

核对所输入的参数无误后，按右侧下方的〖接收〗软键，在编辑界面的程序中出现"N210 CYCLE930（ ）"程序段。

8）编写传动轴右端外轮廓加工的收尾程序段。

（2）传动轴右端外轮廓车削加工参考程序（CHDZ_R1.MPF）编制　按照以上步骤完成编制的传动轴右端外轮廓加工参考程序见表4-10。

表 4-10　传动轴右端外轮廓加工参考程序

; CHDZ_R1.MPF		程序名：传动轴加工程序 CHDZ_R1
; 2018-12-01 BEIJING XIAO.YY		程序编写日期与编程者
N10	G54 G00 G18 G95 G40	系统工艺状态设置
N20	DIAMON	直径编程方式
N30	WORKPIECE(,,,"CYLINDER",0,1,77,32.5,40)	毛坯设置
N40	T1D1	调用1号刀（粗加工刀具 _W），1号刀沿
N50	M03 S1500	主轴正转，转速为 1500r/min

（续）

N60	Z100	快速到达"安全位置"，先定位 Z
N70	X100	向，再定位 X 向
N80	X42 Z2	快速到达循环起点
N90	CYCLE951(40,1,−1,0,−1,0,1,1,0,0,12,0,0,0,2,0.12,0,2,1110000)	调用车削循环指令平端面，保总长
N100	CYCLE62(,2,"CC","DD")	轮廓调用
N110	CYCLE952("CHDZ_R01",,"",2101311,0.3,0.5,0,1.5,0.3,0.1,0.5,0.1,0.1,4,1,0,0,0,0,0,2,2,,,0,2,,11110000,12,1100010,1,0,0.9)	调用轮廓车削循环指令（CYCLE952）粗加工右端外轮廓
N120	G00 X100 Z100	X、Z 向返回"安全位置"
N130	T2D1	调用 2 号刀（精加工刀具 _W），1 号刀沿
N140	M03 S2000	主轴正转，转速为 2000r/min
N150	X42 Z2	定位至循环起点
N160	CYCLE952("CHDZ_R02",,"",2301321,0.1,0.5,0,1,0.3,0.1,0.4,0,0.1,4,1,0,0.3,0,0,0,2,2,,,0,2,,11110000,12,1100010,1,0,)	调用轮廓车削循环（CYCLE952）精加工右端外轮廓
N170	G00 X100 Z100	X、Z 向返回"换刀位置"
N180	T4D1	调用 4 号刀（切入刀具 _W），1 号刀沿
N190	X42 Z2	定位至循环起点
N200	M03 S1000	主轴正转，转速为 1000r/min
N210	CYCLE930(24,−14,5,7,20,,0,45,0,2,0,0,0,0.2,0,3,10530,,1,−14,0.15,1,0.2,0.1,2,1111100)	调用车削循环（CYCLE930）粗、精加工退刀槽
N220	G00 X100	X 向返回"安全位置"
N230	Z100	
N240	M05	主轴停转
N250	M30	程序结束返回程序开头
N260	CC : G1 X20	设置循环标签 CC，轮廓起点
N270	Z0	工进速度至 Z 轴原点位置
N280	X24 CHR=2	外圆自动倒角 C2
N290	Z−19	车外圆 ϕ24mm
N300	X32 Z−31	锥度加工
N310	X35.989 CHR=0.5	锐角倒钝
N320	DD : X42	标签 DD，轮廓终点

说明：轮廓调用（标签）程序段应是一个完整的轮廓路径程序块，可以放在主程序中，也可以放在主程序结束指令 M30 的后面。

（3）传动轴零件右端轮廓仿真加工　传动轴零件右端外轮廓仿真加工如图 4-16 所示。

（4）传动轴右端外螺纹车削加工程序编制步骤　在右端外锥体和螺纹退刀槽加工完成的基础上，依据传动轴的数控加工工艺"工步10"（右端外螺纹加工），应用车削循环指令（CYCLE99）编写传动轴右端外螺纹车削程序 CHDZ_R2.MPF。

1）编写加工程序的信息及工艺准备内容程序段。

2）创建传动轴毛坯设置程序段。

工件坐标系 G55，毛坯设置为棒料（圆柱体），"XA"外直径输入"40.000"，"ZA"毛坯上表面位置输入"0.000"，"ZI"毛坯高度输入"76.000"（inc），"ZB"伸出长度输入"32.500"（inc）。

3）编制加工刀具。选用"螺纹车刀_W"（T9），1 号刀沿，刀尖方位号为"8"，定义切削参数 S 为 800r/min。

4）依据传动轴的数控加工工艺"工步10"（右端外螺纹加工），应用车削循环指令（CYCLE99），选择"直螺纹"循环指令设置传动轴零件右端外螺纹车削循环加工参数（图4-17）如下：

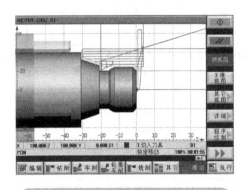

图 4-16　传动轴右端外轮廓仿真加工　　　图 4-17　传动轴右端外螺纹车削编程界面及参数设置

① "输入"选择"完全"，"表格"选择"公制螺纹"，"选择"设置为"M24"，"P"螺纹螺距自动设置为"3.000"（mm/rev）。

② "加工"选择"▽+▽▽▽"粗 + 精加工方式，选择"递减""外螺纹"。

③ "X0"螺纹外径自动设置为"24.000"，"Z0"螺纹 Z 向起点位置输入"0.000"。

④ "Z1"螺纹 Z 向终点位置输入"–14.000"（abs）。

⑤ "LW"输入"3.000"，"LR"输入"2.000"，"H1"螺纹牙深自动输入"1.840"。

⑥ "αP"牙型角输入"28.000"（°）。

⑦ "D1"螺纹第 1 刀背吃刀量输入"0.600"，"U"螺纹精加工余量输入"0.100"。

⑧ "NN"螺纹光刀次数输入"1"，"UR"每次切削完毕的回退距离输入"2.000"。

⑨ "多头"选择"否"，即单线螺纹，"α0"螺纹分度角度输入"0.000"（°）。

> 注：针对"公制螺纹"的车削编程，可直接在参数设置界面中的"表格"选项中选择"公制螺纹"，相关联的螺距"P"、螺纹大径"X0"、螺纹牙深"H1"均自动设置。

（5）传动轴右端外螺纹车削加工程序 CHDZ_R2.MPF 编制　按照以上步骤完成编制的传动轴右端外螺纹加工参考程序见表4-11。

（6）传动轴右端外螺纹仿真加工　传动轴右端外螺纹加工程序编制完成后进行仿真模拟加工，如图4-18所示。

表 4-11 传动轴右端外螺纹加工参考程序

; CHDZ_R2.MPF		程序名：螺纹加工程序；CHDZ_R2
; 2018-12-01 BEIJING XIAO.YY		程序编写日期与编程者
N10	G54 G00 G18 G95 G40	系统工艺状态设置
N20	DIAMON	直径编程方式
N30	WORKPIECE(,,,"CYLINDER",0,0,76,32.5,40)	毛坯设置
N40	T9D1	调用 9 号刀（螺纹车刀_W），1 号刀沿
N50	M03 S800	主轴正转，转速为 800r/min
N60	Z100	快速到达"安全位置"，先定位 Z 向，再定位 X 向
N70	X100	
N80	X26 Z2	快速到达循环起点
N90	CYCLE99(0,24,-14,,3,2,1.8402,0.1,28,0,4,1,3,1310103,4,2,0.6,0.5,0,0,1,0,0.978452,1,,"ISO_METRIC","M24",1102,0)	调用车螺纹复合循环指令车削 M24 螺纹
N100	G00 X100 Z100	X、Z 向返回"安全位置"
N110	M05	主轴停转
N120	M30	程序结束并返回程序头

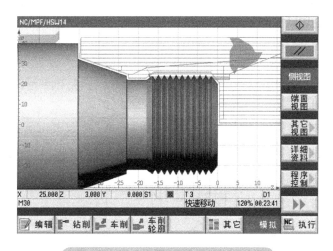

图 4-18 传动轴右端外螺纹仿真加工

4.2.5 加工编程练习与思考题

（1）加工编程练习图 1 如图 4-19 所示，依据给定的参考加工过程，编制三环槽螺纹传动轴零件的数控加工程序。毛坯尺寸为 $\phi 50mm \times 125mm$；材质为 2A12。

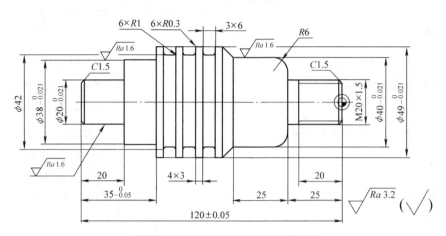

图 4-19　三环槽螺纹传动轴零件图

参考加工过程如下：

1）平左端面。

2）粗、精车左端外轮廓及倒角。

3）粗、精车外沟槽。

4）调头平右端面，保总长。

5）粗、精车右端外轮廓及倒角。

6）粗、精车 M20×1.5 螺纹。

（2）加工编程练习图 2　如图 4-20 所示，依据给定的参考加工过程，编制三环槽锥体连接轴的数控加工程序。毛坯尺寸为 ϕ65mm×123mm；材质为 2A12。

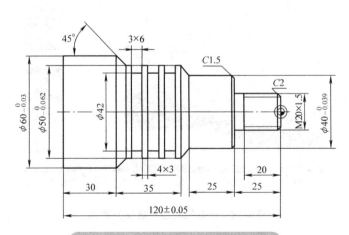

图 4-20　三环槽锥体连接轴的零件图

参考加工过程如下：

1）平右端面。

2）粗、精车右端外轮廓及倒角。

3）粗、精车 M20×1.5 外螺纹。

4）调头平端面、保总长。

5）粗、精车左端 ϕ60mm 外轮廓及倒角。

（3）思考题

1）简述轮廓调用循环指令（CYCLE62）中轮廓调用的 4 种方法。

2）简述轮廓车削循环指令（CYCLE952）的编程关键点和注意事项。

3）简述轮廓车削循环指令（CYCLE952）中包括哪些加工类型。

4）简述轮廓车削循环指令（CYCLE952）中"▽+▽▽▽"（粗+精加工）类型的适用场合及注意事项。

5）简述车削循环指令（CYCLE951）与轮廓车削循环指令（CYCLE952）的异同点及适用场合。

4.3 转向盘零件的车削加工程序编制

本节学习内容如下：

1）G95、G96、LIMS 进给功能设定指令格式与应用。

2）轮廓车削循环指令（CYCLE952）"加工"模式设置的关键点。

3）轮廓车削循环指令（CYCLE952）端面车削与外圆车削参数设置的关键点。

4）转向盘（盘类零件）的数控加工程序编制。

转向盘零件左端由 ϕ66mm 外圆柱、ϕ28mm（大端直径）与 ϕ24mm（小端直径）的锥面和 ϕ22mm 孔构成。右端由外圆柱 ϕ36$_{-0.062}^{0}$ mm、外圆柱 ϕ32mm、外环槽 4mm×2mm（ϕ32mm×4mm）和内孔 ϕ26$_{0}^{+0.052}$ mm×25$_{0}^{+0.052}$ mm 构成，如图 4-21 所示。

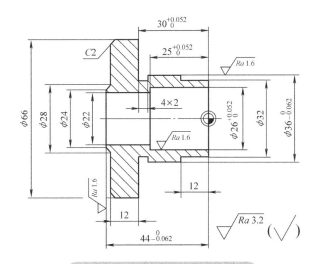

图 4-21 转向盘零件加工尺寸图

4.3.1 数控加工工艺分析

（1）转向盘零件外螺纹加工工艺过程 转向盘零件的加工工艺过程见表 4-12。

表 4-12　转向盘零件的加工工艺过程

序号	工步名称	工步简图	说明
1	平左端面	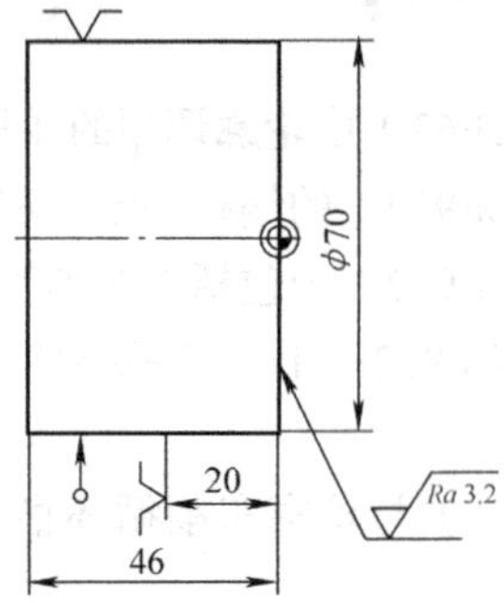	左端面 $Ra3.2\mu m$，建立 Z 向加工基准
2	钻通孔	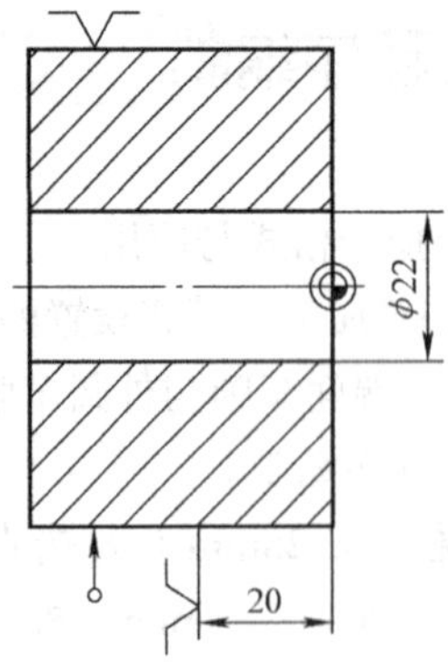	钻削 $\phi22mm$ 通孔
3	左端外轮廓车削	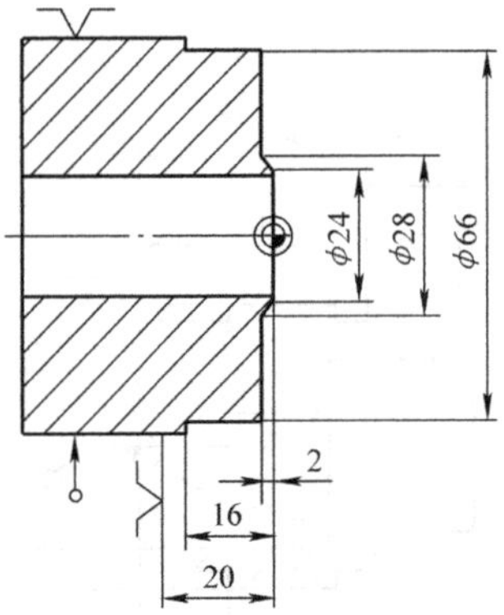	车削 $\phi66mm\times16mm$、倒角 $C2$、大端为 $\phi28mm$ 的 $45°$ 外锥体
4	调头保总长	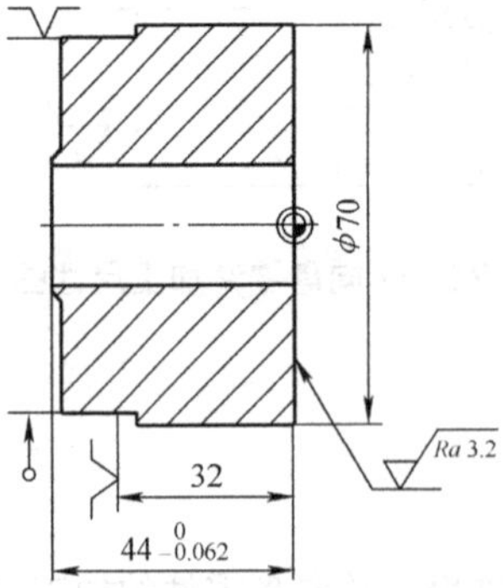	调头车削端面，保证总长 $44_{-0.062}^{\ 0}\,mm$，右端面 $Ra3.2\mu m$

（续）

序号	工步名称	工步简图	说明
5	右端外轮廓粗车削	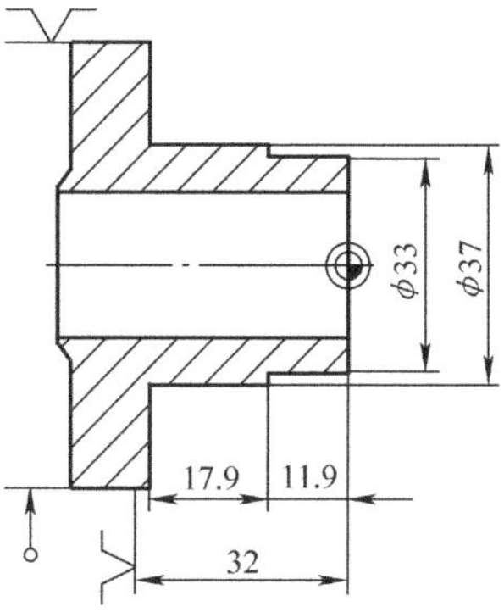	粗车削 $\phi 33mm \times 11.9mm$、棱角倒钝 $C0.5$、$\phi 37mm \times 17.9mm$、棱角倒钝 $C0.5$ 的外轮廓 X 向编程余量为 $1mm$，Z 向编程余量为 $0.1mm$
6	右端外轮廓精车削	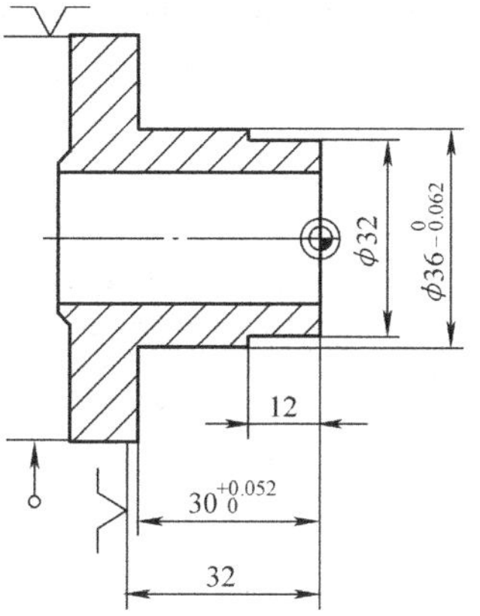	精车削 $\phi 32mm \times 12mm$、棱角倒钝 $C0.5$、$\phi 36mm \times 18mm$，保证 $\phi 36_{-0.062}^{0}mm$，棱角倒钝 $C0.5$ 的外轮廓
7	右端沟槽车削	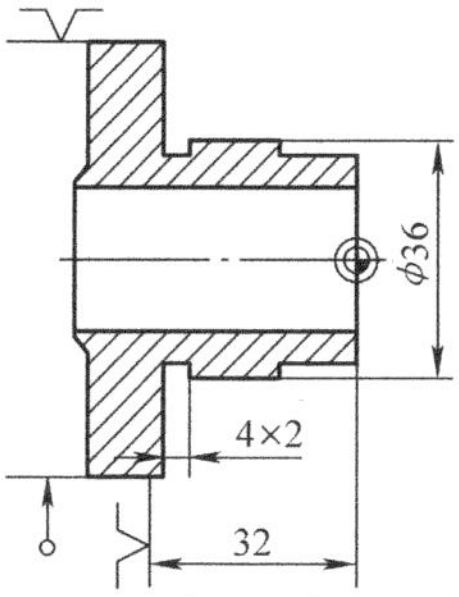	车削 "4×2" 外沟槽
8	右端内轮廓粗加工	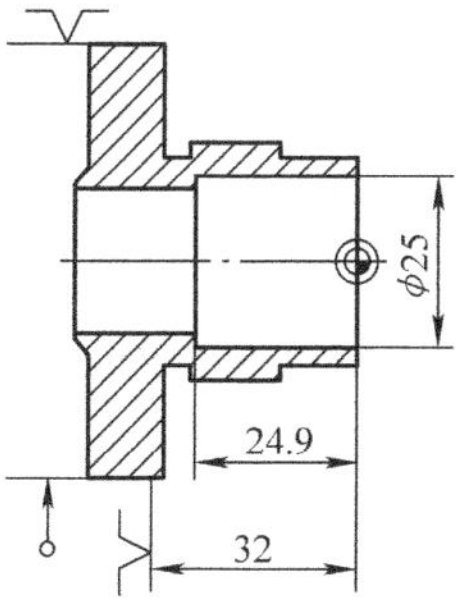	粗车削 $\phi 25mm \times 24.9mm$ 内孔。X 向编程余量为 $1mm$，Z 向编程余量为 $0.1mm$

（续）

序号	工步名称	工步简图	说明
9	右端内轮廓精加工	$\phi26^{+0.052}_{0}$ $25^{+0.052}_{0}$ 32	精车削 ϕ26mm × 25mm 内孔

（2）刀具选择　转向盘零件的加工材料为硬铝（2A12），因此选择对应的铝材料切削加工刀具。其中93°外圆粗车刀的刀尖圆弧半径为0.8mm，93°外圆精车刀的刀尖圆弧半径为0.2mm；刀尖方位号为"3"。外沟槽刀刃宽为4mm、刀尖圆弧半径为0.2mm，刀尖方位号为"3"。普通外螺纹车刀的刀尖圆弧半径为0.2mm，螺纹背吃刀量大于3mm，刀尖方位号为"8"。切削参数（参考值）见表4-13。

表4-13　转向盘加工刀具及参考切削参数

刀具编号	刀具名称	切削参数			说明
		背吃刀量 a_p/mm	进给量 f/（mm/r）	主轴转速 /（r/min）	
T1	粗加工刀具_W	1.5	0.3	1500	93°、80°
T2	精加工刀具_W	0.5	0.1	2000	93°、55°
T4	切入刀具_W	4	0.1	1000	右端外沟槽
T5	粗加工刀具_N	1	0.2	1000	ϕ16mm
T6	精加工刀具_N	0.5	0.1	1500	ϕ16mm
T11	麻花钻	11	0.15	300	ϕ22mm
T12	中心钻	1.5	0.1	1000	A4

（3）夹具与量具选择

1）夹具。选用自定心卡盘。

2）量具。量具见表4-14。

表4-14　转向盘加工测量量具

序号	量具名称	量程 /mm	测量位置	备注
1	游标卡尺	0~150	外径粗测量、长度测量	精度0.02mm
2	外径千分尺	25~50	外径测量 ϕ48mm、ϕ42mm	精度0.01mm
3	外径千分尺	50~75	外径测量 ϕ66mm	精度0.01mm
4	内径千分尺	5~30	内径测量 ϕ26mm	精度0.01mm
5	钢直尺	150	测量毛坯伸出长度	

（4）毛坯设置　转向盘零件的毛坯选择切削性能较好的硬铝，材料牌号为2A12；毛坯尺寸为 ϕ70mm × 46mm。

（5）编程原点设置　转向盘零件由典型的盘料毛坯型材加工。第一次装夹时，建议将工件坐标系原点设置在转向盘的左端（G54），即将工件坐标系原点设置在 $\phi66mm$ 轴左端面所在平面与轴中心线的交会处。零件调头第二次装卡时建议将工件坐标系原点设置在转向盘的右端（G55），即将工件坐标系原点设置在 $\phi32mm$ 轴右端面所在平面与轴中心线的交会处。

4.3.2　转向盘零件左端外轮廓车削加工工艺循环指令编程

按照以下流程编程：编写程序头部分、调用毛坯、调用刀具，再依次调用车削、轮廓车削模块中相应的循环指令实现。

（1）转向盘零件左端外轮廓车削加工程序编制主要步骤

1）编写加工程序的信息及工艺准备内容程序段。

2）创建转向盘零件毛坯设置程序段。

工件坐标系 G54，"毛坯"选择"圆柱体"，"XA"外直径输入"70.000"，"ZA"毛坯上表面位置输入（设毛坯余量）输入"1.000"，"ZI"毛坯高度输入"–46.000"（abs），"ZB"伸出长度输入"–20.000"（abs）。核对所输入的参数无误后，按右侧下方的〖接收〗软键，在编辑界面的程序中出现"N30 WORKPIECE（　）"程序段。

3）编制加工刀具。选用93°"粗加工刀具_W"（T1），1号刀沿，刀尖方位号为"3"，定义切削参数 S 为 1500r/min。

4）依据转向盘零件数控加工工艺"工步1"，应用车削循环指令（CYCLE951），选择"切削1"循环指令设置转向盘零件平左端面切削循环参数（图4-22）如下：

① "SC"安全距离输入"2.000"，"F"进给量输入"0.120"。

② "加工"选择"▽"粗加工。

③ "位置"选取"⌐"，端面加工选取"横向"进给，由大径处向中心方向车削。

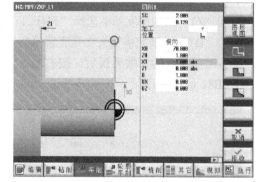

图4-22　转向盘零件平左端面加工编程界面及参数设置

④ "X0"X 轴循环加工起点输入"70.000"，"Z0"Z 轴循环加工起始点输入"1.000"。

⑤ "X1"X 轴循环加工终点输入"–1.000"（abs），"Z1"Z 轴循环加工终点尺寸输入"0.000"（abs）。

⑥ "D"最大（单边）背吃刀量输入"1.000"。

⑦ "UX"X 轴单边留量输入"0.000"，"UZ"Z 轴单边留量输入"0.000"。

核对所输入的参数无误后，按右侧下方的〖接收〗软键，在编辑界面的程序中出现"N110 CYCLE951（　）"程序段。

依据转向盘的数控加工工艺"工步2"，应用中心孔钻削循环指令（CYCLE81）、钻孔循环指令（CYCLE82）编写导向套左端 $\phi22mm$ 孔钻削程序。

5）编写93°"粗加工刀具_W"（T1）退刀，选用 A4"中心钻"（T12），1号刀沿，刀尖方位号为"7"，定义切削参数 S 为 1000r/min 换刀程序。

6）选择"钻中心孔"循环指令设置导向套零件左端面中心孔钻削循环参数（图4-23）如下：

① "输入"选择"完全"。

② "PL"加工平面选择"G17（XY）"参考平面。

③ "RP" 钻削安全平面输入 "100.000"。

④ "SC" 钻削循环安全距离输入 "5.000"，加工位置选择 "单独位置"。

⑤ "Z0" 钻削起始点输入 "0.000"。

⑥ "Z1" 钻削深度基准选择 "刀尖"，钻削终点（中心孔深）输入 "–10.000"（inc）。

⑦ "DT" 钻削完毕中心钻在孔底暂停的光整时间输入 "0.600"（s）。

核对所输入的参数无误后，按右侧下方的〖接收〗软键，在编辑界面的程序中出现 "N170 CYCLE81（）" 程序段。

7）A4 "中心钻"（T12）退刀，选用 φ22mm "麻花钻"（T11），1 号刀沿，刀尖方位号为 "7"，定义切削参数 S 为 300r/min。

8）选择 "钻削" 循环指令。导向套零件左端钻孔循环参数设置（图 4-24）如下：

① "输入" 选择 "完全"。

② "PL" 加工平面选择 "G17（XY）" 参考平面。

③ "RP" 钻削安全平面输入 "100.000"。

④ "SC" 钻削循环安全距离输入 "5.000"，加工位置选择 "单独位置"。

⑤ "Z0" 钻削起始点输入 "0.000"。

⑥ "Z1" 钻削深度基准选择 "刀杆"，钻削终点（孔深）输入 "46.000"（inc）。

⑦ "DT" 钻削完毕钻头在孔底暂停的光整时间输入 "0.100"（s）。

核对所输入的参数无误后，按右侧下方的〖接收〗软键，在编辑界面的程序中出现 "N220 CYCLE82（）" 程序段。

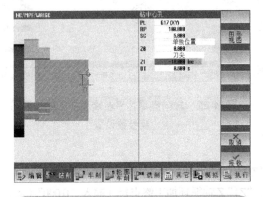

图 4-23 左端面中心孔钻削加工编程界面及参数设置

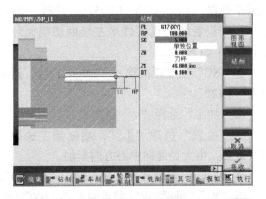

图 4-24 钻孔循环指令（CYCLE82）加工编程界面及参数设置

9）φ22mm "麻花钻"（T11）退刀，选用 93° "粗加工刀具 _W"（T1），1 号刀沿，刀尖方位号为 "3"，定义切削参数 S 为 1500r/min。

10）依据转向盘零件数控加工工艺 "工步 3"，应用车削循环指令（CYCLE952）编制转向盘左端外轮廓加工程序如下：

① 首先，创建轮廓调用指令（CYCLE62）程序段。

② 进入 "轮廓调用" 表格，在 "轮廓选择" 项类型选择 "标签" 调用方式。标签设置为 "LAB1：'AA'；LAB2：'BB'"。

③ 其次，编写轮廓车削循环指令（CYCLE952）程序段。

④ 选择 "切削" 循环指令。转向盘零件左端外轮廓车削循环参数界面加工参数设置如下

（图 4-25）：

    a. "PRG" 程序名称输入 "ZHXP_L01"（转向盘 L01 号程序）。

    b. "SC" 安全距离输入 "2.000"，"F" 进给量输入 "0.300"。

    c. "加工" 选择 "▽+▽▽▽" 粗 + 精加工方式，"FS" 精加工进给率输入 "0.100"。

    d. 选择 "纵向" "外部" 方式，加工方向选择 "←"。

    e. "D" 每次最大背吃刀量输入 "1.500"，选择 "|⌐" 总是沿轮廓返回，选择 "⌐⌐" 等深切削。

    f. "UX" X 向编程余量输入 "0.500"，"UZ" Z 向编程余量输入 "0.100"。

    g. "DI" 切削状态输入 "0.000"，毛坯描述 "BL" 选择 "圆柱体"。

    h. "XD" "ZD" 均输入 "0.000"（inc）。

    i. "凹轮廓加工" 选择 "否" 模式，"加工区限制" 选择 "否" 模式。

核对所输入的参数无误后，按右侧下方的〖接收〗软键，在编辑界面的程序中出现 "N290 CYCLE952（）" 程序段。

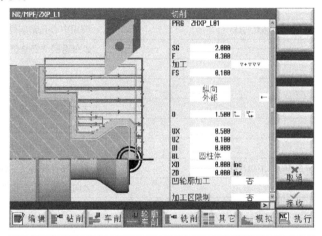

图 4-25 转向盘零件左端外轮廓粗、精加工编程参数设置

注：转向盘左端外轮廓加工程序的编制，也可以分解为两个车削循环指令（CYCLE951）编程，即一个端面车削循环指令（CYCLE951）和一个简单外轮廓（外圆）车削循环指令（CYCLE951）的复合。

    11）编写转向盘零件左端外轮廓加工的收尾程序段。

    （2）转向盘零件左端外轮廓车削加工参考程序（ZHXP_L1.MPF）编制　按照以上步骤完成编制的转向盘零件左端外轮廓车削加工参考程序见表 4-15。

表 4-15　转向盘零件左端外轮廓车削加工参考程序

; ZHXP_L1.MPF		程序名：转向盘加工程序 ZHXP_L1
; 2018–12–01 BEIJING SUNXU–HULIANGXUAN		程序编写日期与编程者
N10	G54 G00 G18 G95 G40	系统工艺状态设置
N20	DIAMON	直径编程方式
N30	WORKPIECE(,,,"CYLINDER",192,1,–46,–20,70)	毛坯设置
N40	T1D1	调用 1 号刀（粗加工刀具 _W），1 号刀沿

（续）

N50	M03 S1500	主轴正转，转速为 1500r/min
N60	Z100	快速到达"换刀位置"
N70	X150	
N80	X75 Z2	快速到达循环起点
N90	G96 S100	恒定切削速度为 100m/min
N100	LIMS=2500	主轴最大转速为 2500r/min
N110	CYCLE951(70,1,-1,0,-1,0,1,1,0,0,12,0,0,2,0.12,0,2,1110000)	调用车削循环（CYCLE951）平端面
N120	G00 X100 Z200	返回"安全位置"，准备换刀
N130	T12D1	调用 12 号刀（A4 中心钻），1 号刀沿
N140	M03 S1000	主轴正转，转速为 1000r/min
N150	X0 Z100	快速定位钻孔返回平面位置
N160	G01 F0.1	设置钻削进给量为 0.1mm/r
N170	CYCLE81(100,0,5,,-10,0.6,0,1,11)	调用中心孔钻削循环（CYCLE81）
N180	G00 Z200	Z 向返回"安全位置"
N190	X100	
N200	T11D1	调用 11 号刀（ϕ22 麻花钻）、1 号刀沿
N210	M03 S300	主轴正转，转速为 300r/min
N220	X0 Z100	快速定位钻孔返回平面位置
N230	G01 F0.15	设置钻削进给量为 0.15mm/r
N240	CYCLE82(100,0,5,,46,0.1,10,1,11)	调用钻孔循环（CYCLE82）
N250	G00 Z100	Z 向返回"安全位置"
N260	X100	X 向返回"安全位置"
N270	T1D1	调用 1 号刀（粗加工刀具_W），1 号刀沿
N280	M03 S1500	主轴正转，转速为 1500r/min
N290	X75 Z5	快速到达循环起点
N300	CYCLE62(,2,"AA","BB")	轮廓调用
N310	CYCLE952("ZHXP_L01",,"",2101331,0.3,0.5,19,1.5,0.3,0.1,0.5,0.1,0.1,4,1,0,0,0,0,0,2,2,,0,2,,11110000,12,1100010,1,0,0.1)	调用轮廓车削循环"粗＋精"加工左端外轮廓
N320	G00 X100 Z100	返回"安全位置"
N330	M05	主轴停转
N340	M30	程序结束
N350	AA：G1X21	标签 AA，轮廓起点
N360	Z0	至左端面上内孔沿下方
N370	X24	车端面
N380	X28 Z-2	车小锥面
N390	X66 CHR=2	车端面及倒角 C2
N400	Z-16	车外圆 ϕ66mm
N410	BB：X72	标签 BB，轮廓终点

（3）转向盘左端外轮廓仿真加工 转向盘零件左端外轮廓车削加工程序的仿真模拟如图 4-26 所示。

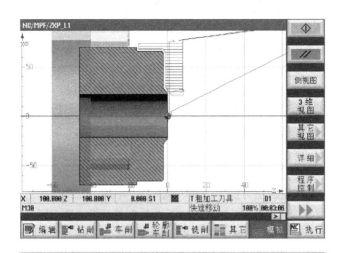

图 4-26 转向盘零件左端外轮廓车削加工程序的仿真模拟

4.3.3 转向盘零件右端车削加工工艺循环指令编程

（1）转向盘零件右端车削加工程序编制主要步骤

1）编写加工程序的信息及工艺准备内容程序段。

2）创建转向盘零件毛坯设置程序段。工件坐标系 G55，"毛坯"选择"管形"，"XA"外直径输入"70.000"，"XI"内直径输入"22.000"（abs），"ZA"毛坯上表面位置输入（设毛坯余量）输入"1.000"，"ZI"毛坯高度输入"45.000"（inc），"ZB"伸出长度输入"34.000"（inc）。在编辑界面的程序中出现"N30 WORKPIECE（ ）"程序段。

3）编制加工刀具。选用 93° "粗加工刀具_W"（T1），1 号刀沿，刀尖方位号为"3"，定义切削参数 S 为 1500r/min。

4）依据转向盘零件加工工艺"工步 4"，应用车削循环指令（CYCLE951），选择"切削 1"循环指令设置传动轴零件平右端面保总长切削循环参数（图 4-27）如下：

① "SC"安全距离输入"2.000"，"F"进给量输入"0.120"。

② "加工"选择"▽"（粗加工）。

③ "位置"选取"⌐"，端面加工选取"横向"进给，由大径处向中心方向车削。

④ "X0" X 轴循环加工起始点输入"70.000"，"Z0" Z 轴循环加工起始点输入"1.000"。

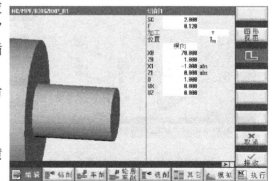

图 4-27 平右端面切削循环参数设置

⑤ "X1" X 轴循环加工终点输入"–1.000"（abs），"Z1" Z 轴循环加工终点尺寸输入"0.000"（abs）。

⑥ "D"最大（单边）背吃刀量输入"1.000"。

⑦ "UX" X 轴单边留量输入"0.000"，"UZ" Z 轴单边留量输入"0.000"。

核对所输入的参数无误后，按右侧下方的〖接收〗软键，在编辑界面的程序中出现"N110 CYCLE951（ ）"程序段。

5）依据转向盘零件数控加工工艺"工步 5"，编制转向盘右端外轮廓粗加工程序：

① 首先，创建轮廓调用指令（CYCLE62）段。

② 进入"轮廓调用"表格，在"轮廓选择"项类型选择"标签"调用方式。标签设置为"LAB1：'CC'；LAB2：'DD'"。

③ 其次，编写右端外轮廓车削循环指令（CYCLE952）程序段。

④ 选择"切削"循环指令。转向盘右端粗车外轮廓车削循环参数设置如下（图 4-28）：

a."PRG"程序名称输入"ZHXP_R01"（转向盘 01 号程序）。

b."余料"选择为"否"。

c."SC"安全距离输入"2.000"，"F"进给量输入"0.300"。

d."加工"选择"▽"粗加工方式，选择"纵向""外部"方式，加工方向选择"←"。

e."D"每次最大背吃刀量输入"1.500"，选择"⌐"总是沿轮廓返回，选择"⌐"等深切削。

f."UX"X 向编程余量输入"0.500"，"UZ"Z 向编程余量输入"0.100"。

g."DI"切削状态输入"0.000"，毛坯描述"BL"选择"圆柱体"。

h.因转向盘零件非仿形加工，"XD""ZD"均输入"0.000"（inc）。

i."凹轮廓加工"选择"否"模式，"加工区限制"选择"否"模式。

核对所输入的参数无误后，按右侧下方的〖接收〗软键，在编辑界面的程序中出现"N130 CYCLE952（ ）"程序段。

6）93°"粗加工刀具_W"（T1）退刀，选用 93°"精加工刀具_W"（T2），1 号刀沿，刀尖方位号为"3"，定义切削参数 S 为 2000r/min。

7）依据转向盘零件数控加工工艺"工步 6"，应用轮廓车削循环指令（CYCLE952），选择"切削"循环指令设置转向盘右端精车外轮廓车削循环参数如下（图 4-29）：

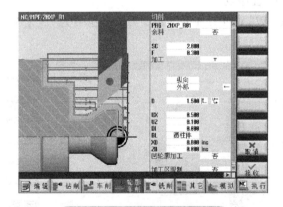
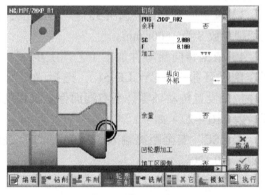

图 4-28　转向盘右端粗车外轮廓车削循环参数设置

图 4-29　转向盘右端精车外轮廓车削循环参数设置

① "PRG"程序名称输入"ZHXP_R02"（转向盘 02 号程序）。

② "余料"选择为"否"。

③ "SC"安全距离输入"2.000"，"F"进给量输入"0.100"。

④ "加工"选取"▽▽▽"精加工，选择"纵向""外部"方式，加工方向选择"←"。

⑤ "余量"选择"否"。

⑥ "凹轮廓加工"选择"否"，"加工区限制"选择"否"。

核对所输入的参数无误后，按右侧下方的〖接收〗软键，在编辑界面的程序中出现"N180 CYCLE952（ ）"程序段。

8）93°"粗加工刀具_W"（T1）退刀，选用4mm"切入刀具_W"（T4），1号刀沿，刀尖方位号为"3"，定义切削参数S为1000r/min。

9）依据转向盘零件数控加工工艺"工步7"，选择"凹槽1"循环指令设置右端外沟槽车削循环参数（图4-30）如下：

① "SC"安全距离输入"3.000"，"F"进给量输入"0.150"。

② "加工"选择"▽+▽▽▽"（粗＋精加工）方式。

③ "位置"选择"⌐⌐"外径方向，参考点选择"⌐⌐"凹槽左侧上部起始点。

④ "X0"槽X向起点位置输入"36.000"，"Z0"槽Z向起点位置输入"–30.026"。

⑤ "B1"槽宽输入"4.000"，"T1"槽的底径输入"2.000"（inc）。

⑥ "D"每次最大背吃刀量输入"0.000"，一刀到底方式。

⑦ "UX"X向编程余量输入"0.000"，"UZ"Z向编程余量输入"0.000"。

⑧ "N"槽的数量输入"1"。

核对所输入的参数无误后，按右侧下方的〖接收〗软键，在编辑界面的程序中出现"N230 CYCLE930（ ）"程序段。

10）刃宽4mm"切入刀具_W"（T4）退刀，选用ϕ16mm（刀杆）"粗加工刀具_N"（T5），1号刀沿，刀尖方位号为"2"，定义切削参数S为1000r/min。

11）依据转向盘零件数控加工工艺"工步8"，应用车削循环指令（CYCLE951），选择"切削1"循环指令设置转向盘右端内轮廓粗车削循环参数（图4-31）如下：

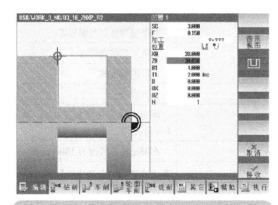

图4-30 转向盘右端外沟槽加工编程参数设置

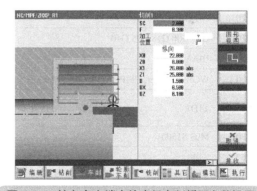

图4-31 转向盘右端内轮廓粗车削循环参数设置

① "SC"安全距离输入"2.000"，"F"进给量输入"0.300"。

② "加工"选择"▽"（粗加工），"位置"选取"⌐⌐"，加工方向选取"纵向"进给。

③ "X0"X轴循环加工起始点输入"22.000"，"Z0"Z轴循环加工起始点输入"0.000"。

④ "X1"X轴循环加工终点输入"26.000"（abs），"Z1"Z轴循环加工终点输入"–25.000"（abs）。

⑤ "D"最大（单边）背吃刀量输入"1.500"。

⑥ "UX"X轴单边留量输入"0.500"，"UZ"Z轴单边留量输入"0.100"。

核对所输入的参数无误后，按右侧下方的〖接收〗软键，在编辑界面的程序中出现"N290 CYCLE951（ ）"程序段。

12）ϕ16mm（刀杆）"粗加工刀具 _N"（T5）退刀，选用 ϕ16mm（刀杆）"精加工刀具 _N"（T6），1号刀沿，刀尖方位号为"2"，定义切削参数 S 为 1500r/min。

13）依据转向盘零件数控加工工艺"工步 9"，应用车削循环指令（CYCLE951），选择"切削 1"循环指令设置转向盘右端内轮廓精车削循环参数（图 4-32）如下：

① "SC" 安全距离输入 "2.000"。

② "F" 进给量输入 "0.100"。

③ "加工"模式选择"▽▽▽"精加工，"位置"选择"⌐"，选择"纵向"进给。

④ "X0" 输入 "22.000"，"Z0" 输入 "0.000"。

⑤ "X1" X轴加工终点尺寸输入 "26.026"（abs），"Z1" Z轴加工终点尺寸输入 "-25.026"（abs），均取尺寸中间值。

核对所输入的参数无误后，按右侧下方的〖接收〗软键，在编辑界面的程序中出现"N350 CYCLE951（ ）"程序段。

14）编写传动轴右端加工的收尾程序段。

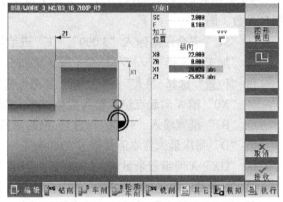

图 4-32 转向盘右端内轮廓精车削循环参数设置

（2）转向盘零件右端车削加工参考程序（ZHXP_R2.MPF）编制 按照以上步骤完成编制的转向盘零件右端加工参考程序见表 4-16。

表 4-16 转向盘零件右端加工参考程序

; ZHXP_R2.MPF		程序名：转向盘右端加工程序 ZHXP_R2
; 2018-12-01 BEIJING XIAO.YY		程序编写日期与编程者
N10	G54 G00 G18 G95 G40	系统工艺状态设置
N20	DIAMON	直径编程方式
N30	WORKPIECE(,,,"PIPE",256,1,45,34,70,22)	毛坯设置
N40	T1D1	调用 1 号刀（粗加工刀具 _W），1 号刀沿
N50	M03 S1500	主轴正转，转速为 1500r/min
N60	Z100	快速到达"安全位置"，先定位 Z 向，再定位 X 向
N70	X100	
N80	X72 Z2	快速到达循环起点
N90	G96 S100	恒定切削速度为 100m/min
N100	LIMS=2500	主轴最大转速为 2500r/min
N110	CYCLE951(70,1,20,0,20,0,1,1,0,0,12,0,0,0,2,0.12,0,2,1110000)	平端面
N120	CYCLE62(,2,"CC","DD")	轮廓调用
N130	CYCLE952("ZHXP_R01",,"",2101311,0.3,0.5,19,1.5,0.3,0.1,0.5,0.1,0.1,4, 1,0,0,0,0,0,0,2,2,,,0,2,,11110000,12,1100010,1,0)	粗加工右端外轮廓
N140	G00 X100 Z100	X、Z 向返回"安全位置"
N150	T2D1	调用 2 号刀（精加工刀具 _W），1 号刀沿

（续）

N160	M03 S2000	主轴正转，转速为 2000r/min
N170	X72 Z2	快速到达循环起点
N180	CYCLE952("ZHXP_R02",,"",2101321,0.1,0.5,19,1.5,0.3,0.1,0.5,0.1,0.1,4,1,0,0,0,0,0,0,2,2,,,0,2,,11110000,12,1100010,1,0)	精加工右端外轮廓
N190	G00 X100 Z100	X、Z 向返回"安全位置"
N200	T4D1	调用 4 号刀（切入刀具 _W），1 号刀沿
N210	M03 S1000	主轴正转，转速为 1000r/min
N220	X38 Z2	快速到达循环起点
N230	CYCLE930(36,−30.026,4,4,2,,0,0,0,2,2,2,2,0.2,0,3,10130,,1,−10,0.15,0,0,0,2,1111110)	粗、精加工退刀槽
N240	G00 X100	X 向返回"安全位置"
N250	Z100	Z 向返回"安全位置"
N260	T5D1	调用 5 号刀（粗加工刀具 _N），1 号刀沿
N270	M03 S1000	主轴正转，转速为 1000r/min
N280	X21 Z2	快速到达循环起点
N290	CYCLE951(22,0,26,−25,26,−25,3,1.5,0.5,0.1,11,0,0,0,2,0.3,0,2,1110000)	粗加工内孔
N300	G00 Z100	Z 向返回"安全位置"
N310	X100	
N320	T6D1	调用 6 号刀（精加工刀具 _N），1 号刀沿
N330	M03 S1500	主轴正转，转速为 1500r/min
N340	X21 Z2	快速到达循环起点
N350	CYCLE951(22,0,26.026,−25.026,26.026,−25.026,3,1.5,0.5,0.1,21,0,0,0.2,0.1,0,2,1110000)	精加工内孔
N360	G00 Z100	Z 向返回"安全位置"
N370	X100	X 向返回"安全位置"
N380	M05	主轴停转
N390	M30	程序结束并返回程序头
N400	CC : G1X24	设置循环标签 CC，轮廓起点
N410	Z0	刀尖至右端面上的孔沿下方
N420	X32 CHR=0.5	车端面，棱角倒钝 C0.5
N430	Z−12	车外圆 ϕ32mm
N440	X35.969 CHR=0.5	车端面，棱角倒钝 C0.5
N450	Z−30	车外圆 ϕ36mm（取中值）
N460	X66 CHR=0.5	车端面，棱角倒钝 C0.5
N470	Z−32	车外圆 ϕ66mm
N480	DD : X72	标签 DD，轮廓终点

（3）转向盘零件右端外轮廓仿真加工　按照以上步骤编制的转向盘零件右端外轮廓仿真加工如图 4-33 所示。

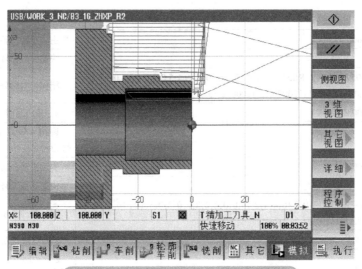

图 4-33 转向盘零件右端外轮廓仿真加工

4.3.4 加工编程练习与思考题

（1）加工编程练习图 如图 4-34（加工编程练习图）所示，编制密封盘的数控加工程序。毛坯尺寸为 φ75mm×26mm；材质为 2A12。

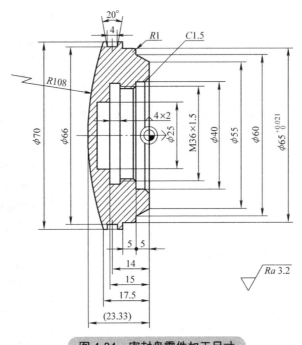

图 4-34 密封盘零件加工尺寸

加工工艺参考过程如下：

1）平右端面。

2）粗、精加工右端外轮廓及倒角至图示尺寸。

3）粗、精加工 V 形槽至图示尺寸。

4）粗、精加工右端内轮廓及倒角至图示尺寸。

5）粗、精加工内沟槽至图示尺寸。

6）粗、精加工 M36×1.5 内螺纹。

7）调头采用专用工装装夹，平端面，保总长。

8）粗、精加工左端 R108mm 圆弧。

> 提示：工步8建议选择轮廓车削循环指令（CYCLE952），且加工类型选择"端面车削"，与其他选项比较加工效率和表面质量。

（2）思考题

1）简述 G95、G96、LIMS 指令的格式、含义及应用场合。

2）简述轮廓车削循环指令（CYCLE952）"加工"模式设置的关键点及适用场合。

3）简述轮廓车削循环指令（CYCLE952）端面车削参数设置的关键点及应用场合。

4.4　导向套零件的车削加工程序编制

本节学习内容如下：

1）车削循环指令（CYCLE930）中 V 形槽编程参数释义及加工程序编制。

2）应用子程序调用指令编制多个 V 形槽的数控加工程序。

3）应用刀尖圆弧半径补偿指令（G42、G41、G40）编制数控加工程序。

4）综合应用车削循环指令 CYCLE951、CYCLE930，轮廓调用指令 CYCLE62，轮廓车削循环指令 CYCLE952、螺纹车削循环指令 CYCLE99 编制导向套数控加工程序。

图 4-35 所示的导向套零件外形由 $\phi 76_{-0.046}^{0}$ mm×33mm、$\phi 96$mm×12mm、$\phi 88_{-0.054}^{0}$ mm×47mm 这 3 个外圆和 4mm×6mm（$\phi 78$mm×4mm）3 个直沟槽，以及过渡圆角 R3 与倒角 C2 组成。内腔由 $\phi 62_{0}^{+0.046}$ mm×17mm 孔、$\phi 50_{0}^{+0.062}$ mm×25mm 孔、R50mm 圆弧型腔和 $\phi 23$mm 孔，以及过渡圆角 R3 与倒角 C2 组成。

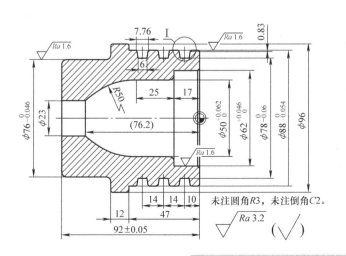
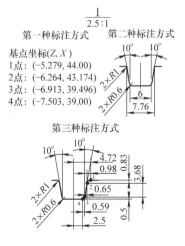

图 4-35　导向套零件加工尺寸

4.4.1 数控加工工艺分析

（1）导向套零件的加工工艺过程　导向套零件的加工工艺过程见表4-17。

表 4-17　导向套零件的加工工艺过程

序号	工步名称	工步简图	说明
1	平左端面	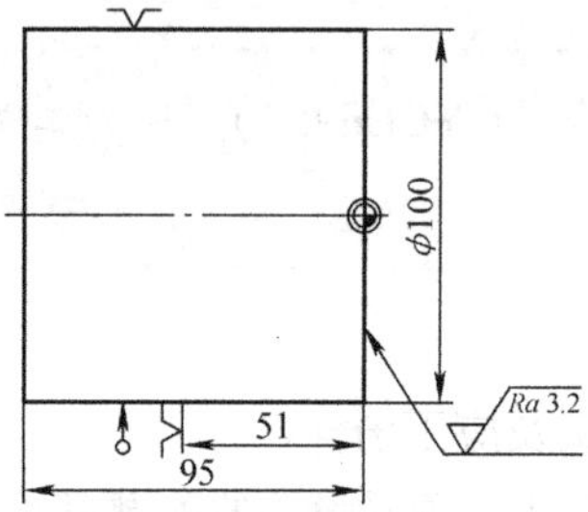	左端面 Ra3.2μm，建立 Z 向加工基准
2	钻通孔	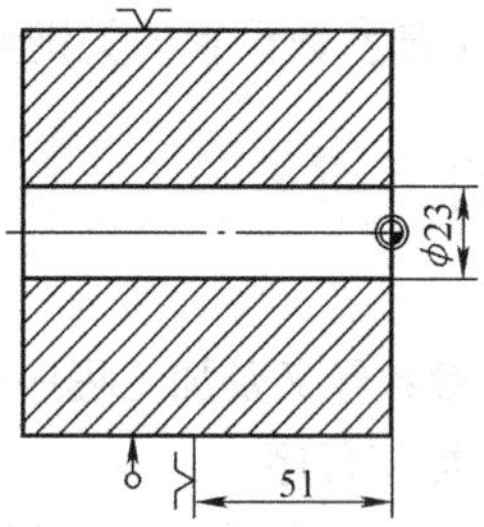	钻削 ϕ23mm 的通孔
3	左端外轮廓粗车削	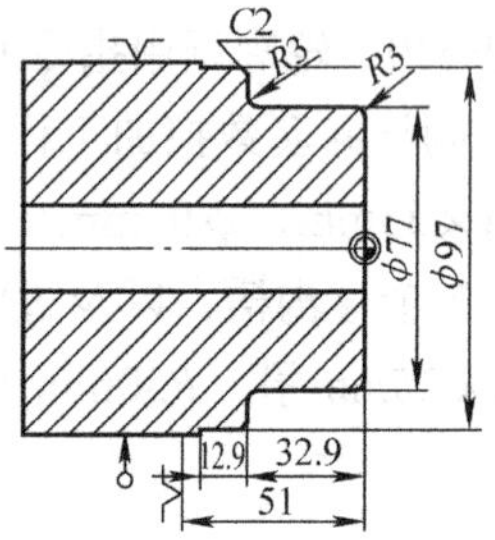	粗车削 ϕ77mm×32.9mm、ϕ97mm×12.9mm、R3 的圆弧倒角、C2 的倒角，X 向编程余量为1mm，Z 向编程余量为0.1mm
4	左端外轮廓精车削	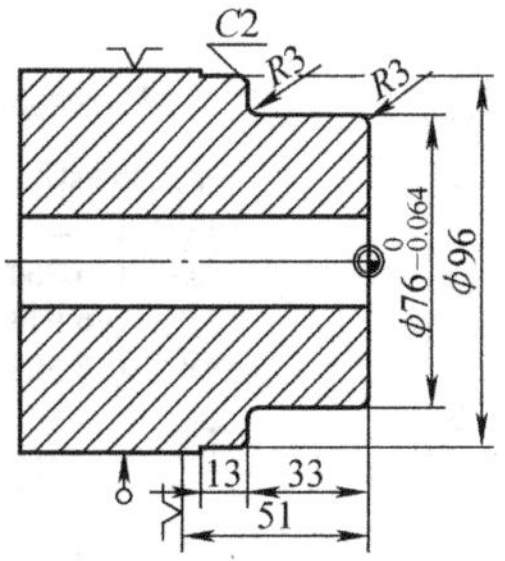	精车削 ϕ76$^{0}_{-0.064}$ mm×33mm、ϕ96mm×13mm、R3 的圆弧倒角、C2 的倒角
5	调头保总长	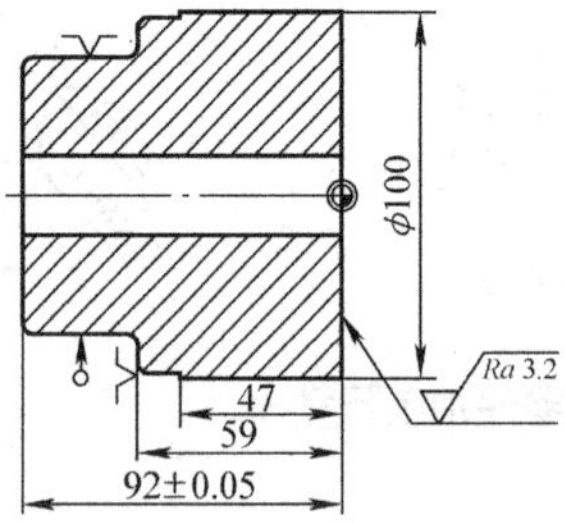	调头车削端面，保证总长 92mm±0.05mm，右端面 Ra3.2μm

（续）

序号	工步名称	工步简图	说明
6	右端外轮廓粗加工		粗车削 $\phi 89\text{mm} \times 46.9\text{mm}$ 的外轮廓，$C2$ 倒角，X 向编程余量为 1mm，Z 向编程余量为 0.1mm
7	右端外轮廓精加工		精车削 $\phi 88_{-0.054}^{\ 0}\,\text{mm} \times 47\text{mm}$ 的外轮廓、$C2$ 倒角
8	右端 V 形槽粗＋精加工		车削 V 形槽，槽底尺寸至 $\phi 78_{-0.06}^{\ 0}\,\text{mm}$，槽底宽 6mm
9	右端内孔粗加工		粗车削 $\phi 61\text{mm} \times 16.9\text{mm}$、$\phi 49\text{mm} \times 24.9\text{mm}$、$R3$ 圆弧和 $R50$ 圆弧。 X 向编程余量为 1mm，Z 向编程余量为 0.1mm
10	右端内孔精加工		精车削 $\phi 62_{0}^{+0.046}\,\text{mm} \times 17\text{mm}$、$\phi 50_{0}^{+0.062}\,\text{mm} \times 25\text{mm}$、$\phi 23\text{mm} \times 16\text{mm}$ 的内孔、$R3$ 的圆弧和 $R50$ 圆弧

注：依据粗、精加工分开的原则，本案例右端加工应当采用"先粗后精，先里后外"的合理车削加工路线。但考虑表述与篇幅限制，故可以考虑将右端外轮廓、内轮廓粗、精加工的工步连接在一起编写。

（2）刀具选择 零件的加工材料为硬铝（2A12），因此选择对应的铝材料切削加工刀具。其中93°外圆粗车刀的刀尖圆弧半径为0.8mm，93°外圆精车刀的刀尖圆弧半径为0.2mm，刀尖方位号为"3"。外沟槽刀的刃宽4mm，刀尖圆弧半径为0.2mm，刀尖方位号为"3"。93°内孔粗车刀的刀尖圆弧半径为0.8mm，93°内孔精车刀的刀尖圆弧半径为0.2mm，刀尖方位号为"2"。切削参数（参考值）见表4-18。

表4-18 导向套加工刀具及参考切削参数

刀具编号	刀具名称	切削参数			说明
		背吃刀量 a_p/mm	进给量 f/（mm/r）	主轴转速 /（r/min）	
T1	粗加工刀具_W	1.5	0.3	1500	93°、80°
T2	精加工刀具_W	0.5	0.1	2000	93°、55°
T4	切入刀具_W	4	0.2	1000	4mm
T5	粗加工刀具_N	1.5	0.2	1500	ϕ16mm 刀杆
T6	精加工刀具_N	0.5	0.1	2000	ϕ16mm 刀杆
T11	麻花钻	11		300	ϕ22mm
T12	中心钻	1.5		1000	A4

（3）夹具与量具选择

1）夹具。选用自定心卡盘。

2）量具。量具见表4-19。

表4-19 导向套加工测量量具

序号	量具名称	量程 /mm	测量位置	备注
1	游标卡尺	0~150	外径粗测量、长度测量	精度 0.02mm
2	外径千分尺	25~50	螺纹底径测量 ϕ42mm	精度 0.01mm
3	外径千分尺	75~100	ϕ76mm、ϕ100mm、ϕ88mm	精度 0.01mm
4	内测千分尺	25~50	ϕ30mm、ϕ50mm	精度 0.01mm
5	内测千分尺	50~75	ϕ62mm	精度 0.01mm
6	钢直尺	150	测量毛坯伸出长度	—

（4）毛坯设置 导向套的毛坯选择切削性能较好的硬铝，材料牌号为2A12；毛坯尺寸为ϕ100mm×100mm。

（5）编程原点设置 导向套零件由典型的棒料毛坯型材加工。第一次装夹时，建议将工件坐标系原点设置在导向套的左端（G54），即将原点设置在ϕ100mm轴右端面所在平面与轴中心线的交会处。零件调头第二次装夹时，建议将工件坐标系原点设置在ϕ88mm圆柱体右端面（G55），即将原点设置在ϕ88mm圆柱体右端面所在平面与轴中心线的交会处。

4.4.2 导向套零件右端V形槽的子程序编程与调用

子程序调用功能在多个加工要素相同且间距呈规律性变化时，具有简化编程、提升编程效率的作用。在锥体或者圆弧要素编程时，为避免出现"过切"或者"欠切"，需调用刀尖圆弧半径补偿指令（G42、G41、G40）或者通过数学计算在程序中进行手工补偿。后一种方法计算量大且易出错。下面以导向套零件右端3个V形槽的加工程序编制为载体，简述子程序调用指令和刀尖圆弧半径补偿指令（G42、G41、G40）的应用。

（1）导向套零件 V 形槽的子程序调用编程　分析导向套零件图（图 4-35），在导向套零件的数控加工工艺"工步 7""工步 10"右端精加工，和"工步 6""工步 9"右端粗加工基础上，应用子程序（使用第三种标注方式编程刀具轨迹）调用指令编写导向套零件右端 V 形槽粗、精加工程序，见表 4-20 和表 4-21。

表 4-20　导向套零件右端 V 形槽加工参考主程序

;DXT_R1.MPF		程序名：导向套右端 V 形槽加工程序 DXT_R1
;2019–03–01 BEIJING XIAO.YY		程序编写日期与编程者
N10	G55 G40 G95 G90	系统工艺状态初始化，每转进给方式
N20	DIAMON	直径编程
N30	T4D1	调用 4 号刀（切入刀具 _W），1 号刀沿
N40	M03 S1000	主轴正转，转速为 1000r/min
N50	WORKPIECE(,,,"PIPE",448,0,–94,–55,88,62)	毛坯设置
N60	G00 Z100	快速定位至"安全位置"，先定位 Z 向，再定位 X 向
N70	X100	
N80	X90 Z2	快速到达循环起点
N90	G01 Z–8 F0.2	定位到第一个 V 形槽位置
N100	VXC_1 P3	调用子程序"VXC_1"3 次
N110	T4D1	恢复 4 号刀（切入刀具 _W），1 号刀沿
N120	G00 G90 X100	绝对坐标，X 轴返回"安全位置"
N130	Z100	Z 轴返回"安全位置"
N140	M30	程序结束

表 4-21　导向套零件右端 V 形槽加工参考子程序

;VXC_1.SPF		程序名：导向套右端 V 形槽加工子程序 VXC_1
;2019–03–01 BEIJING XIAO.YY		程序编写日期与编程者
;FROM DXT_R1.MPF		主程序 DXT_R1.MPF 调用
N10	D1	T4（切入刀具 _W），1 号（左）刀沿有效
N20	G91 G01 Z–14 F0.3	相对坐标模式，刀刃中心对正槽宽中心
N30	X–12 F0.1	工进速度切削至槽底
N40	X12 F0.3	切槽刀退出至槽外
N50	G42 Z–2.721	刀尖半径右补偿，左刀沿至 R1 圆弧起点
N60	G01 X–2 F0.1	左刀沿至 R1 圆弧起点
N70	G03 X–1.66 Z0.98 CR=1	左刀沿至 R1 圆弧终点
N80	G01 X–7.36 Z0.65	左刀沿至 R0.6 圆弧起点
N90	G02 X–1 Z0.59 CR=0.6	左刀沿至 R0.6 圆弧终点
N100	G40 G01 Z0.5	取消刀尖半径补偿，刀刃中心对正槽宽中心
N110	X12 F0.3	切槽刀退出至槽外
N120	D2	T4（切入刀具 _W），2 号（右）刀沿有效
N130	G41 Z–2.721	刀尖半径左补偿，右刀沿至 R1 圆弧起点

（续）

N140	G01 X–2 F0.1	右刀沿至 R1 圆弧起点
N150	G02 X–1.66 Z–0.98 CR=1	右刀沿至 R1 圆弧终点
N160	G01 X–7.36 Z–0.65	右刀沿至 R0.6 圆弧起点
N170	G03 X–1 Z–0.59 CR=0.6	右刀沿至 R0.6 圆弧终点
N180	G40 G01 Z–0.5	取消刀尖半径补偿，刀刃中心对正槽宽中心
N190	X12 F0.3	切槽刀退出至槽外
N200	RET	子程序结束

注：在 V 形槽编程时，V 形槽两侧加工程序需分别调用不同的刀尖圆弧半径补偿。"切入刀具 _W"（T4）可使用两个刀沿，D2（第二个刀沿）需在系统刀具表中创建，且 D2（第二个刀沿）与 D1（第一个刀沿）的 Z 向机械坐标值相差 4.00mm。

（2）导向套右端 V 形槽仿真加工　导向套零件右端外轮廓、V 形槽车削加工程序仿真模拟加工见图 4-36。

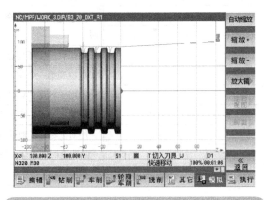

图 4-36　导向套零件右端 V 形槽仿真模拟加工

4.4.3　凹槽车削循环指令（CYCLE930）及编程

SINUMERIK 828D 数控车削系统的凹槽车削工艺循环中的凹槽 2 指令 ，可以直接完成 V 形槽加工的编程，降低了编程难度，提高加工效率。

（1）凹槽车削循环指令（CYCLE930）概述

1）凹槽车削循环指令（CYCLE930）格式。凹槽车削循环凹槽 2 的指令格式与凹槽 1 的指令格式完全一样，可参见 3.3.3 小节中凹槽 1 的内容。凹槽 2 的编程操作界面与凹槽 1 的操作界面大致相同，其差异部分见表 4-22 和图 4-37。

表 4-22　凹槽车削循环凹槽 2 编程操作界面说明

序号	界面参数	编程操作	说明
1	α1	齿形角 1	槽偏角度 1
2	α2	齿形角 2	槽偏角度 2
3	FS1/R1	斜边宽度 / 倒圆半径	棱角自动倒钝 / 倒圆角，可独立设置
4	FS2/R2	斜边宽度 / 倒圆半径	棱角自动倒钝 / 倒圆角，可独立设置
5	FS3/R3	斜边宽度 / 倒圆半径	棱角自动倒钝 / 倒圆角，可独立设置
6	FS4/R4	斜边宽度 / 倒圆半径	棱角自动倒钝 / 倒圆角，可独立设置

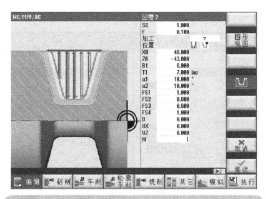

图 4-37　凹槽车削循环——凹槽 2 参数对话框

2）槽偏角度设置。槽偏角度参数设置见表 4-23。

表 4-23　槽偏角度参数设置

槽偏角度 1-α1	槽偏角度 1-α2
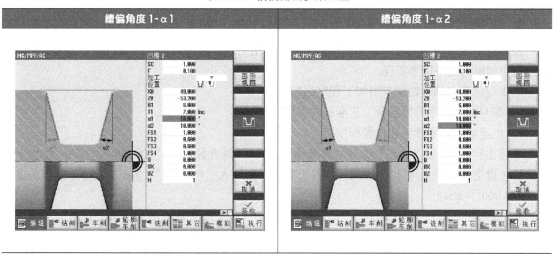	

3）凹槽倒角设置。凹槽倒角参数 FS1/R1~FS4/R4 设置见表 4-24。

表 4-24　凹槽倒角 FS1/R1~FS4/R4 参数设置

FS1/R1 凹槽右上角倒角	FS2/R2 凹槽右下角倒角
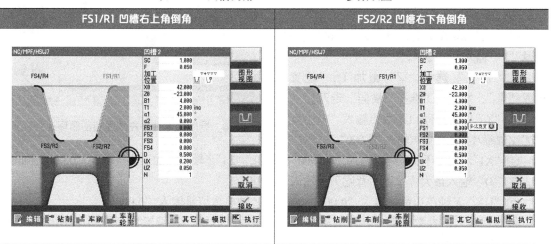	

（续）

FS3/R3 凹槽左下角倒角	FS4/R4 凹槽左上角倒角
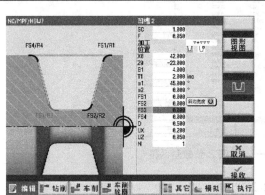	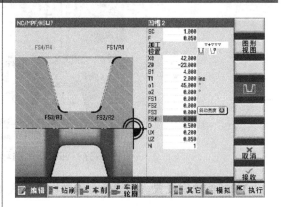

4.4.4 导向套零件左端外轮廓车削工艺循环指令编程

按照以下流程编程：首先编写程序头部分、调用毛坯、调用刀具，再依次调用车削、轮廓车削模块中相应的循环指令实现。

（1）导向套左端外轮廓车削加工程序编制步骤

1）编写加工程序的信息及工艺准备内容程序段。

2）创建导向套零件毛坯设置程序段。

工件坐标系 G54，"毛坯"选择"圆柱体"，"XA"外直径输入"100.000"，"ZA"毛坯上表面位置（设毛坯余量）输入"1.000"，"ZI"毛坯高度输入"−95.000"（abs），"ZB"伸出长度输入"−52.000"（abs）。

3）编制加工刀具。选用 93°"粗加工刀具_W"（T1），1 号刀沿，刀尖方位号为"3"，定义切削参数 S 为 1500r/min。

4）依据导向套零件的数控加工工艺"工步 1"，应用车削循环指令（CYCLE951），选择"切削 1"循环指令设置导向套零件平左端面切削循环参数（图 4-38）如下：

① "SC"参数安全距离输入"2.000"，进给量"F"输入"0.120"。

② "加工"选择"▽"粗加工，"位置"选取"⌐"，端面加工选择"横向"走刀。

③ "X0"X 轴循环加工起始点输入"100.000"，"Z0"Z 轴循环加工起始点输入"1.000"。

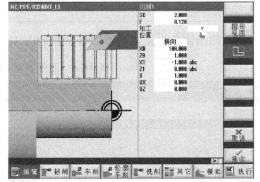

图 4-38 导向套零件平左端面切削循环参数设置

④ "X1"X 轴循环加工终点输入"−1.000"（abs），"Z1"Z 轴循环加工终点输入"0.000"（abs）。

⑤ "D"输入最大（单边）背吃刀量输入"1.000"。

⑥ "UX"X 轴单边留量输入"0.000"，"UZ"Z 轴单边留量输入"0.000"。

核对所输入的参数无误后，按右侧下方的〖接收〗软键，在编辑界面的程序中出现"N90 CYCLE951（ ）"程序段。

依据导向套的数控加工工艺"工步2",应用中心孔钻削循环(CYCLE81)指令、钻孔循环指令(CYCLE83)编写导向套左端 ϕ23mm 孔钻削程序。

5)编写93°"粗加工刀具_W"(T1)退刀,选用 A4 中心钻头(T12),1 号刀沿,刀尖方位号为"7",定义切削参数 S 为 1000r/min 换刀程序段。

6)选择"钻中心孔"循环指令,设置导向套零件左端中心孔钻削循环参数,同4.3.2小节的"图 4-23 左端面中心孔钻削加工编程界面及参数设置"。

核对所输入的参数无误后,按右侧下方的〖接收〗软键,在编辑界面的程序中出现"N140 CYCLE81( )"程序段。

7)编写 A4"中心钻"(T12)退刀,选用 ϕ22mm"麻花钻"(T11),1 号刀沿,刀尖方位号为"7",定义切削参数 S 为 300r/min 换刀程序段。

8)选择"深孔钻削"循环指令设置导向套零件左端钻孔循环参数(图 4-39)如下:

① "输入"选择"完全"。

② "PL"加工平面选择"G17(XY)"参考平面。

③ "RP"钻削安全平面输入"100.000","SC"钻削循环起点输入"5.000"。

④ 加工位置选择"单独位置",选择"断屑"。

⑤ "Z0"钻削起始点输入"0.000",选择"刀尖","Z1"钻削终点输入"102.000"(inc)。

⑥ "D"分次钻削深度输入"2.000"(inc),"FD1"钻入时的进给量百分比输入"100.000"(%)。

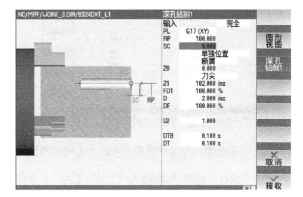

图 4-39 导向套零件左端钻孔循环加工编程界面及参数设置

⑦ "DF"分次钻削钻入时的进给量百分比输入"100.000"(%)。

⑧ "U2"分次钻削完毕钻头回退距离输入"1.000","DTB"暂停光整时间输入"0.100"(s)。

⑨ "DT"钻削完毕钻头在孔底暂停的光整时间输入"0.100"(s)。

核对所输入的参数无误后,按右侧下方的〖接收〗软键,在编辑界面的程序中出现"N180 CYCLE83( )"程序段。

9)编写 ϕ22mm"麻花钻"(T11)退刀,选用93°"粗加工刀具_W"(T1),1 号刀沿,刀尖方位号为"3",定义切削参数 S 为 1500r/min 换刀程序段。

10)依据导向套的数控加工工艺"工步3",应用车削循环指令(CYCLE952)编写导向套左端外轮廓粗车削加工程序。

选择"切削"循环指令设置导向套零件左端外轮廓粗切削循环参数(图 4-40)如下:

① "PRG"程序名称输入"DXT_L01"(导向套 L01 号程序)。

② "余料"选择"否"。

③ "SC"安全距离输入"2.000","F"进给量输入"0.300"。

④ "加工"选择"▽"粗加工,选择"纵向""外部"方式,选择"←"加工方向。

⑤ "D"每次最大背吃刀量输入"1.500",选择"⌐"总是沿轮廓返回,选择"⌐"等深切削。

⑥ "UX" X 向编程余量设置输入"1.000","UZ" Z 向编程余量输入"0.100"。

⑦ "DI"切削状态输入"0.000"、毛坯描述"BL"选择"圆柱体"。

⑧ 因导向套零件非仿形加工，"XD""ZD"均输入"0.000"（inc）。

⑨ "凹轮廓加工"选择"否"，"加工区限制"选择"否"。

核对所输入的参数无误后，按右侧下方的〖接收〗软键，在编辑界面的程序中出现"N240 CYCLE952（ ）"程序段。

11）编写93°"粗加工刀具_W"（T1）退刀，选用93°"精加工刀具_W"（T2），1号刀沿，刀尖方位号为"3"，定义切削参数S为2000r/min换刀程序段。

12）依据导向套的数控加工工艺"工步4"，应用车削循环指令（CYCLE952），选择"切削"循环指令设置导向套零件左端外轮廓精切削循环参数（图4-41）如下：

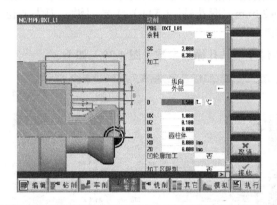

图4-40 导向套零件左端外轮廓车削粗加工编程界面

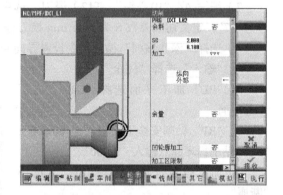

图4-41 导向套零件左端外轮廓精加工编程界面

① "PRG"程序名称输入"DXT_L02"（导向套L02号程序）。

② "余料"选择"否"。

③ "SC"安全距离输入"2.000"，"F"进给量输入"0.100"。

④ "加工"选择"▽▽▽"精加工，选择"纵向""外部"，加工方向选择"←"。

⑤ "余量"选择"否"，"凹轮廓加工"选择"否"，"加工区限制"选择"否"。

核对所输入的参数无误后，按右侧下方的〖接收〗软键，在编辑界面的程序中出现"N290 CYCLE952（ ）"程序段。

13）编写导向套零件左端外轮廓加工后的收尾程序段。

（2）导向套零件左端外轮廓加工参考程序（DXT_L1.MPF）编制 按照以上步骤完成编制的导向套零件左端外轮廓加工参考程序见表4-25。

表4-25 导向套零件左端外轮廓加工参考程序

;DXT_L1.MPF	程序名：导向套左端外轮廓加工程序 DXT_L1
;2018-12-01 BEIJING XIAO.YY	程序编写日期与编程者
N10	G54 G00 G18 G95 G40	系统工艺状态设置
N20	DIAMON	直径编程方式
N30	WORKPIECE(,,,"CYLINDER",192,1,-95,-52,100)	毛坯设置
N40	T1D1	调用1号刀（粗加工刀具_W），1号刀沿
N50	M03 S1500	主轴正转，转速为1500r/min
N60	Z100	快速到达"换刀位置"
N70	X150	

（续）

N80	X102 Z2	快速到达循环起点
N90	CYC LE951(100,1,–1,0,–1,0,1,1,0,0,12,0,0,0,2,0.12,0,2,1110000)	调用车削循环指令平端面
N100	G00 X150 Z100	X、Z 向返回"安全位置"
N110	T12D1	调用 12 号刀（A4 中心钻），1 号刀沿
N120	M03 S1000	主轴正转，转速 1000r/min
N130	G00 X0	快速定位钻孔位置
N140	CYCL E81(100,0,5,,2,0.6,0,1,11)	调用中心孔钻削循环（CYCLE81）
N150	G00 Z150	Z 向返回"安全位置"
N160	T11D1	调用 11 号刀（ϕ22 麻花钻），1 号刀沿
N170	M03 S300	主轴正转，转速为 300r/min
N180	G00 X0	快速定位钻孔位置
N190	CYCLE83(100,0,5,,102,,2,100,0.1,0.5,100,0,0,1.2,1,0.1,1.6,0,1, 12211111)	调用钻孔循环（CYCLE83）
N200	G00 Z150	Z 向返回"安全位置"
N210	T1D1	调用 1 号刀（粗加工刀具 _W），1 号刀沿
N220	M03 S1500	主轴正转，转速为 1500r/min
N230	G00 X102 Z5	快速到达循环起点
N240	CYCLE62(,2,"AA","BB")	轮廓调用
N250	CYCLE952("DXT_L01",,"",2101311,0.3,0.5,0,1.5,0.3,0.1,1,0.1, 0.1,4,1,0,0,0,0,0,2,2,,0,2,,11110000,12,1101010,1,0,0.9)	调用轮廓车削循环指令（CYCLE952）粗加工"AA"至"BB"轮廓
N260	G00 X150 Z100	X、Z 向返回"安全位置"
N270	T2D1	调用 2 号刀（精加工刀具 _W），1 号刀沿
N280	M03 S2000	主轴正转，转速 2000r/min
N290	X102 Z2	快速到达循环起点
N300	CYCLE952("DXT_L02",,"",2101321,0.1,0.5,0,1.5,0.3,0.1,1,0.1, 0.1,4,1,0,0,0,0,0,2,2,,0,2,,11110000,12,1100010,1,0,0.9)	调用轮廓车削循环指令（CYCLE952）精加工"AA"至"BB"轮廓
N310	G00 X150 Z100	X、Z 向返回"安全位置"
N320	M05	主轴停转
N330	M30	程序结束并返回程序头
N340	AA:G1 X68	设置循环标签 AA，轮廓起点
N350	Z2	直线插补
N360	X76 Z–2	车 C2 倒角
N370	Z–30	至 R3 圆弧起点
N380	G02 X82 Z–33 CR=3	至 R3 圆角终点
N390	G01 X92	车 C2 倒角起点
N400	X96 Z–35	车 C2 倒角终点
N410	Z–46	车外圆 ϕ96mm
N420	BB:G0 X104	标签 BB，轮廓终点

（3）导向套零件左端外轮廓仿真加工　导向套零件左端外轮廓粗、精车削加工程序和钻孔加工程序的仿真模拟加工如图 4-42 所示。

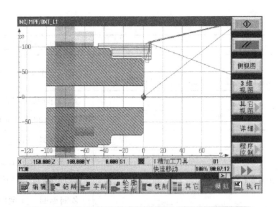

图 4-42　导向套零件左端外轮廓仿真加工

4.4.5　导向套零件右端车削工艺循环指令编程

（1）导向套零件右端车削加工程序编制步骤

1）编写加工程序的信息及工艺准备内容程序段。

2）创建导向套零件毛坯设置程序段。

工件坐标系 G55，"毛坯"选择"管形"，"XA"外直径输入"100.000"，"XI"内直径输入"22.000"（abs），"ZA"毛坯上表面位置（设实际毛坯总长余量）输入"2.000"，"ZI"毛坯高度输入"94.000"（inc），"ZB"伸出长度输入"61.000"（inc）。

3）编制加工刀具。选用 93°"粗加工刀具 _W"（T1），1 号刀沿，刀尖方位号为"3"，定义切削参数 S 为 1500r/min。

4）依据导向套零件的数控加工工艺"工步 5"，应用车削循环指令（CYCLE951），选择"切削 1"循环指令设置传动轴零件平右端面切削循环参数（图 4-43）如下：

①"SC"安全距离输入"2.000"，"F"进给量输入"0.120"。

②"加工"选择"▽"粗加工，"位置"选取"⌐"加工位置，选取"横向"进给。

③"X0"X 轴循环加工起始点输入"100.000"，"Z0"Z 轴循环加工起始点输入"1.000"。

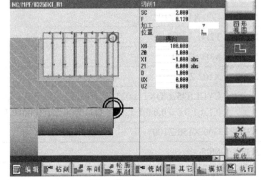

图 4-43　导向套零件平右端面切削循环参数设置

④"X1"X 轴循环加工终点输入"–1.000"（abs），"Z1"Z 轴循环加工终点输入"0.000"（abs）。

⑤"D"输入最大（单边）背吃刀量输入"1.000"。

⑥"UX"X 轴单边留量输入"0.000"，"UZ"Z 轴单边留量输入"0.000"。

核对所输入的参数无误后，按右侧下方的〖接收〗软键，在编辑界面的程序中出现"N90 CYCLE951（ ）"程序段。

5）依据导向套零件的数控加工工艺"工步 6"，应用车削循环指令（CYCLE951），选择"切削 1"循环指令设置导向套零件右端外轮廓粗切削循环参数（图 4-44）如下：

①"SC"安全距离输入"1.000"，"F"进给量输入"0.300"。

②"加工"选择"▽"粗加工，"位置"选择"⌐"加工位置，选择"纵向"进给。

③ "X0" X 轴循环加工起始点输入 "100.000"，"Z0" Z 轴循环加工起始点输入 "0.000"。

④ "X1" X 轴循环加工终点输入 "88.000"（abs），"Z1" Z 轴循环加工终点输入 "–47.000"（abs）。

⑤ "D" 输入最大（单边）背吃刀量输入 "1.500"。

⑥ "UX" X 轴单边留量输入 "0.500"，"UZ" Z 轴单边留量输入 "0.100"。

核对所输入的参数无误后，按右侧下

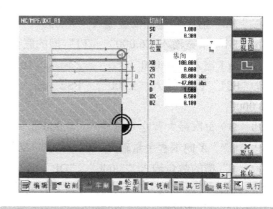

图 4-44　导向套零件右端外轮廓粗加工参数设置界面

方的〖接收〗软键，在编辑界面的程序中出现 "N100 CYCLE951（）" 程序段。

6）编写 93°"粗加工刀具 _W"（T1）退刀，选用 93°"精加工刀具 _W"（T2），1 号刀沿，刀尖方位号为 "3"，定义切削参数 S 为 2000r/min 的换刀程序段。

7）依据导向套零件的数控加工工艺 "工步 7"，应用车削循环指令（CYCLE951），选择 "切削 1" 循环指令设置导向套零件右端外轮廓精切削循环参数（图 4-45）如下：

① "SC" 安全距离输入 "2.000"，"F" 进给量输入 "0.100"。

② "加工" 选择 "▽▽▽" 精加工，"位置" 选择 "⌐" 加工位置，选择 "纵向"。

③ "X0" 输入 "90.000"（粗加工后轮廓直径），"Z0" 输入 "0.000"。

④ "X1" X 轴循环加工终点输入 "88.000"（abs），"Z1" Z 轴循环加工终点输入 "–47.000"（abs）。

核对所输入的参数无误后，按右侧下方的〖接收〗软键，在编辑界面的程序中出现 "N150 CYCLE951（）" 程序段。

8）编写 93°"精加工刀具 _W"（T2）退刀，选用 4mm "切入刀具 _W"（T4），1 号刀沿，刀尖方位号为 "3"，定义切削参数 S 为 1000r/min 的换刀程序段。

9）依据导向套零件的数控加工工艺 "工步 8"，应用切槽车削循环指令（CYCLE930），选择 "凹槽 2" 循环设置导向套零件右端外沟槽车削循环参数（图 4-46）如下：

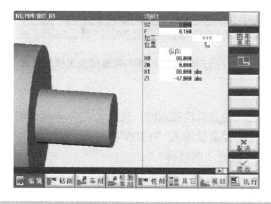

图 4-45　导向套零件右端外轮廓精加工参数设置界面

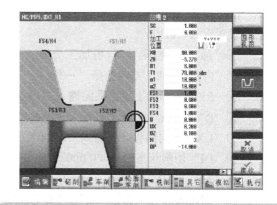

图 4-46　导向套零件外沟槽加工编程界面及参数设置

① "SC" 安全距离输入 "1.000"，"F" 进给量输入 "0.080"。

② "加工" 选择 "▽+▽▽▽" 粗 + 精加工方式。

③ "位置" 选取 "⌐" 外径方向，参考点选择 "⌐" 凹槽右上角。

④ "X0"槽 X 向起点位置输入"90.000"，"Z0"槽 Z 向起点位置输入"-5.279"。

⑤ "B1"槽宽输入"6.000"，"T1"槽的底径输入"78.000"（abs）。

⑥ "α1 输入"10.000"（°），α2 输入"10.000"（°）。

⑦ "FS1"设置输入"1.000"，"FS2"输入"0.600"，"FS3"设置输入"0.600"，"FS4"输入"1.000"。

⑧ "D"每次最大背吃刀量输入"0.000"，一刀到底方式。

⑨ "UX"X 向编程余量输入"0.200"，"UZ"Z 向编程余量输入"0.100"。

⑩ "N"槽的数量输入"3.000"，"DP"槽间距输入"-14.000"。

核对所输入的参数无误后，按右侧下方的〖接收〗软键，在编辑界面的程序中出现"N200 CYCLE930（ ）"程序段。

10）编写 4mm "切入刀具_W"（T4）退刀，选用 93°"粗加工刀具_N"（T5），1 号刀沿，刀尖方位号为"2"，定义切削参数 S 为 1500r/min 的换刀程序段。

11）依据导向套零件的数控加工工艺"工步 9"，应用轮廓车削循环指令（CYCLE62 和 CYCLE952）编写导向套右端内轮廓粗加工程序。

首先，创建轮廓调用指令（CYCLE62）程序段。

进入"轮廓调用"表格，在"轮廓选择"项类型选择"标签"调用方式。标签设置为"LAB1：'CC'；LAB2：'DD'"。

核对所输入的参数无误后，按右侧下方的〖接收〗软键，在编辑界面的程序中出现"N270 CYCLE62（ ）"程序段。

然后，应用轮廓车削循环指令（CYC-LE952），选择"切削"循环指令设置导向套零件右端内轮廓粗车削循环参数（图 4-47）如下：

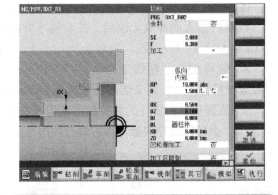

图 4-47 导向套零件右端内轮廓粗加工参数设置

① "PRG"程序名称输入"DXT_R02"（导向套 R02 号程序）。

② "余料"选择"否"。

③ "SC"安全距离输入"2.000"，"F"进给量设置输入"0.300"。

④ "加工"选择"▽"粗加工方式，选择"纵向""内部"，加工方向选择"←"。

⑤ "RP"内部加工返回平面输入"19.000"（abs）。

⑥ "D"每次最大背吃刀量输入"1.500"，选择"⌐"总是沿轮廓返回，选择"⌐"等深切削。

⑦ "UX"X 向编程余量输入"0.500"，"UZ"Z 向编程余量输入"0.100"。

⑧ "DI"切削状态输入"0.000"，毛坯描述"BL"选择"圆柱体"。

⑨ "XD""ZD"均输入"0.000"。

⑩ "凹轮廓加工"选择"否"，"加工区限制"选择"否"。

核对所输入的参数无误后，按右侧下方的〖接收〗软键，在编辑界面的程序中出现"N280 CYCLE952（ ）"程序段。

12）编写 93°"粗加工刀具_N"（T5）退刀，选用 93°内孔精车刀（T6），1 号刀沿，刀尖方位号为"2"，定义切削参数 S 为 2000r/min 的换刀程序段。

13）依据导向套零件的数控加工工艺"工步10"，应用轮廓车削循环指令（CYCLE952），选择"切削"循环指令设置导向套零件右端内轮廓精车削循环参数（图4-48）如下：

① "PRG"程序名称输入"DXT_R04"（导向套 R04 号程序）。

② "余料"选择"否"。

③ "SC"安全距离设置输入"2.000"，"F"进给量设置输入"0.100"。

④ "加工"选择"▽▽▽"精加工，选择"纵向""内部"，加工方向选择"←"。

⑤ "RP"内部加工返回平面输入"19"（abs）。

⑥ "余量"选择"否"，"凹轮廓加工"选择"否"，"加工区限制"选择"否"。

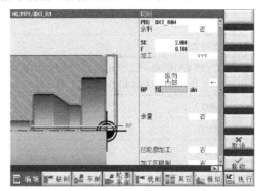

图 4-48　导向套零件内轮廓精加工参数设置

核对所输入的参数无误后，按右侧下方的〖接收〗软键，在编辑界面的程序中出现"N340 CYCLE952（）"程序段。

14）编写导向套零件右端加工的收尾程序段。

（2）导向套零件右端车削加工参考程序（DXT_R1.MPF）编制　按照以上步骤完成编制的导向套零件右端车削加工参考程序见表4-26。

表 4-26　导向套零件右端车削加工参考程序

;DXT_R1.MPF		程序名：导向套加工程序 DXT_R1
;2018-12-01 BEIJING SUNYUDI-ZHANGTENNGFEI		程序编写日期与编程者
N10	G54 G00 G18 G95 G40	系统工艺状态设置
N20	DIAMON	直径编程方式
N30	WORKPIECE(,,,"PIPE",256,2,94,61,100,22)	毛坯设置
N40	T1D1	调用 1 号刀（粗加工刀具 _W），1号刀沿
N50	M03 S1500	主轴正转，转速为 1500r/min
N60	Z100	快速到达"换刀位置"
N70	X150	
N80	X105 Z2	快速到达循环起点
N90	CYCLE951(100,1,20,0,20,0,1,1,0,0,12,0,0,0,2,0.12,0,2,1110000)	调用车削循环指令平端面
N100	CYCLE951(100,0,88,-47,88,-47,1,1.5,0.5,0.1,11,0,0,0,1,0.3,0,2,1110000)	粗加工外轮廓
N110	G00 X150 Z100	X、Z 向返回"换刀位置"
N120	T2D1	调用 2 号刀（精加工刀具 _W），1号刀沿
N130	M03 S2000	主轴正转，转速为 2000r/min
N140	X90 Z5	快速到达循环起点
N150	CYCLE951(89,0,88,-47,88,-47,1,1.5,0.5,0.1,21,0,0,0,2,0.1,0,2,1110000)	调用车削循环指令（CYCLE951）精加工外轮廓
N160	G00 X150 Z100	X、Z 向返回"换刀位置"

（续）

N170	T4D1	调用 4 号刀（4mm 切入刀具 _W），1 号刀沿
N180	M03 S1000	主轴正转，转速为 1000r/min
N190	X90 Z5	快速到达循环起点
N200	CYCLE930(90,−5.279,6,8.115924,78,,0,10,10,1,0.6,0.6,1, 0.2,0,1,10530,,3,−14,0.08,1,0.2,0.1,2,1111100)	调用车削循环指令（CYCLE930）粗＋精加工 V 形槽
N210	G00 X150	X 向返回"换刀位置"
N220	Z100	Z 向返回"换刀位置"
N230	T5D1	调用 5 号刀（粗加工刀具 _N），1 号刀沿
N240	M03 S1500	主轴正转，转速为 1500r/min
N250	X20	快速到达循环起点 X 轴位置
N260	Z5	快速到达循环起点 Z 轴位置
N270	CYCLE62(,2,"CC","DD")	轮廓调用"CC""DD"
N280	CYCLE952("DXT_R02",,"",2102311,0.3,0.5,19,1.5,0.3,0.1,0.5, 0.1,0.1,4,1,0,0,0,0,0,2,2,,,0,2,,11110000,12,1100010,1,0,0.9)	粗加工右端内孔
N290	G00 Z100	Z 向返回"换刀位置"
N300	X150	X 向返回"换刀位置"
N310	T6D1	调用 6 号刀（内孔精车刀），1 号刀沿
N320	M03 S2000	主轴正转，转速为 2000r/min
N330	X60Z5	快速到达循环起点
N340	CYCLE952("DXT_R04",,"",2102321,0.1,0.5,19,1.5,0.3,0.1,1, 0.1,0.1,4,1,0,0,0,0,0,2,2,,,0,2,,11110000,12,1100010,1,0,0.9)	调用轮廓车削循环指令（CYCLE952）精加工内孔
N350	G00 Z100	Z 向返回"换刀位置"
N360	X150	X 向返回"换刀位置"
N370	M05	主轴停止
N380	M30	程序结束并返回程序头
N390	CC:G1 X66	设置循环标签 CC，内轮廓起点
N400	Z0	至倒角起始点
N410	X62 Z−2	倒角 C2
N420	Z−17	车内孔 ϕ62mm
N430	X56	车台阶孔端面
N440	G02 X50 Z−20 CR=3	倒圆角 R3
N450	G01 Z−42	车内孔 ϕ50mm，至 R50mm 圆弧起点
N460	G03 X23 Z−76.2 CR=50	R50mm 圆弧终点
N470	G01 Z−93	车内孔 ϕ23mm
N480	DD:X20	标签 DD，轮廓终点

（3）导向套零件右端轮廓仿真加工　导向套零件右端外轮廓粗、精车削加工程序仿真模拟加工，以及右端内轮廓粗、精加工程序的仿真模拟加工如图 4-49 所示。

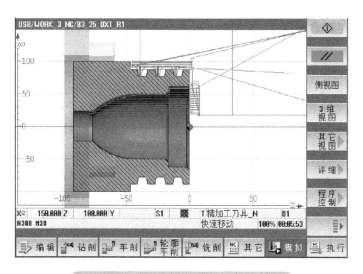

图 4-49　导向套零件右端仿真模拟加工

4.4.6　加工编程练习与思考题

（1）加工编程练习图　依图 4-50 所示加工尺寸，编制 V 形槽连接轴的数控加工程序。毛坯尺寸为 $\phi 40mm \times 78mm$ ；材质为 2A12。

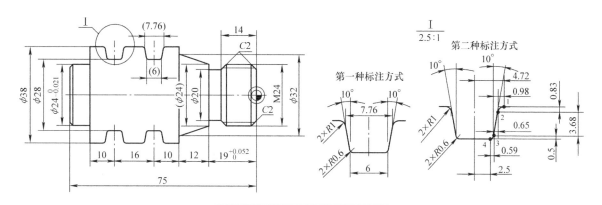

图 4-50　V 形槽连接轴零件尺寸

参考加工过程如下：

1）平左端面。

2）粗加工左端外轮廓 $\phi 24mm$、$\phi 38mm$，留精加工余量。

3）粗加工 V 形槽。

4）精加工左端外轮廓及倒角至图示尺寸。

5）精加工 V 形槽。

6）调头保总长 75mm。

7）粗加工右端外锥体、螺纹大径外轮廓。

8）精加工右端外锥体、螺纹大径及倒角至图示尺寸。

9）切削退刀槽。

10）粗、精车 M24 外螺纹。

（2）思考题

1）V 形槽编程的方法有几种？简述不同编程方法的特点。

2）简述应用车削循环指令（CYCLE930）编制 V 形槽加工程序的注意事项。

3）简述刀尖圆弧半径补偿指令（G42、G41、G40）的应用场合和注意事项。

4）简述外轮廓和内轮廓编程时"循环起点设置"的区别并说明原因。

5）简述数控加工工艺编制时遵循"先粗后精"的原因。

第5章
CHAPTER 5

数控车削拓展编程与操作

5.1　常用编程指令格式（3）

5.1.1　计算参数 R 使用方法

要使一个零件程序适用于特定数值下的一次加工，或者在程序运行中需要计算出某些数值，这两种情况均可以使用计算参数。可以在程序运行时由控制器计算或设定所需要的数值，也可以通过操作面板设定参数数值。

828D 数控车削系统中，用户可以使用的 R 计算参数有 300 个。

（1）语句格式

1）R <n>；R 作为预处理变量使用时的名称。

<n>：R 参数编号，取值范围为 0~299。

2）R[< 表达式 >]；

< 表达式 >：数组索引。

（2）赋值方法

1）直接赋值或通过函数表达式赋值。可以用数值、算术表达式或计算参数对 NC 地址赋值。一个程序段中可以有多个赋值语句，也可以用计算表达式赋值。例如：

N10 R1=10 R2=20 R3=10*2 R3=R3+2 R4=R2 R1 R5=SIN（30）

2）通过参数变量赋值。给变量赋值是编写程序中最常用的方法。在手工编写程序时，往往需要大量的变量来存储程序中用到的数据，所以用于对变量进行赋值的语句会在程序中大量出现。

通过给 NC 地址分配计算参数或参数表达式，可以增加 NC 程序的通用性。但程序段标号 N、加工指令 G 和调用子程序指令 L 例外。

赋值时在地址符之后写入字符"="。赋值语句也可以赋值"–"负号。给坐标轴地址（运行指令）赋值时，要求有一个独立的程序段。

（3）编程示例

R 参数赋值语句编程示例 1	注释
X=（R1+R2）	；给 X 轴赋值，需要在 G00 或 G01 模式下
Z=SQRT（R1*R1+R2*R2）	；给 Z 轴赋值，运行至（R1^2+R2^2）平方根确定的位置
R 参数赋值语句编程示例 2	注释

```
R[R2]=R10                    ；通过 R 参数间接地址赋值
R[（R1+R2）*R3]=5             ；通过算术表达式间接地址赋值
```

5.1.2 数值表达式运算和算术函数

（1）数值表达式运算　表达式运算是现代数控系统指令表达的一种常用方法。在数值计算中，既有常量计算，也有 R 参数和实数型变量计算，计算时也遵循通常的数学运算规则。同时，整数型和字符型数值间的计算也是允许的。常用的数值运算形式见表 5-1。

表 5-1　常用的数值运算形式

计算符号	含义	编程示例	说明
+	加法	R1=20+32.5	R1 等于 20 与 32.5 之和（52.5）
−	减法	R3=R2-R1	R3 等于 R2 的数值与 R1 的数值之差
*	乘法	R4=0.5*R3	R4 等于 0.5 乘以 R3
/	除法	R5=10/20	R5 等于 10 除以 20（0.5） 数值类型包括：INT/INT=REAL
DIV	除法	3 DIV 4 = 0	用于变量类型整数型和实数型
MOD	取模除法	3 MOD 4 = 3	仅用于 INT 型，提供一个 INT 除法的余数
<<	连接运算符	"X 轴的位置" << R12	输出含变量 R12 的提示信息
:	级联运算符	RESFRAME=FRAME1:FRAME2	—

（2）运算的优先级　每个运算符都被赋予一个优先级，如乘法和除法运算优先于加法和减法运算。在计算一个表达式时，有高一级优先权的运算总是首先被执行。在优先级相同的运算中，运算由左到右进行。在算术表达式中可以通过圆括号确定所有运算的顺序并且由此脱离原来普通的优先计算规则（圆括号内的运算优先进行）。

5.1.3 常用的算术函数

在 SINUMERIK 828D 数控系统中，提供了较为丰富的初等数学函数计算功能供编程时使用。不同的数控系统用于定义函数的符号也不相同。正确理解和使用好这些函数计算功能，对完成手工编写加工程序，特别是参数编程大有裨益。

数控编程中常用的算术函数有三角函数和数学运算函数。

（1）三角函数　在 SINUMERIK 828D 系统中，三角函数用直角三角函数定义，角度的计算单位是十进制。以图 5-1 所示的直角三角形为例，设 ∠α 用系统中的 R 参数表达，三角函数计算关系式见表 5-2。

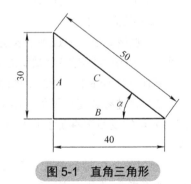

图 5-1　直角三角形

表 5-2　常用的三角函数表达关系式

计算符号	含义	编程示例	说明
SIN（）	正弦	R2=SIN（R1）=A/C=30/50=0.60	R2 等于 R1 数值的正弦值
COS（）	余弦	R3=COS（R1）=B/C=40/50=0.800	R3 等于 R1 数值的余弦值
TAN（）	正切	R4=TAN（R1）=A/B=30/40=0.75	R4 等于 R1 数值的正切值，R1 ≠ 90°
ASIN（）	反正弦	R1= ASIN（R2）=36.8699°	R1 等于 R2=（A/C）的反正弦，单位：（°）
ACOS（）	反余弦	R1= ACOS（R3）=36.8699°	R1 等于 R3=（B/C）的反余弦，单位：（°）
ATAN2（）	反正切	R1=ATAN2（30,40）=36.8699° R1=ATAN2（30,−80）=159.444°	R1 等于 30 除以 40（−80）反正切，单位：（°） 角度取值范围：−180°～180°

（2）运算函数 常用的数学运算函数表达关系式见表5-3。

表 5-3 常用的数学运算函数表达关系式

计算符号	含义	编程示例	说明
POT（ ）	平方	R6=12 R5=POT（R6）	R5 等于 R6=12 的平方（144）
SQRT（ ）	平方根	R6=12 R7=SQRT（R6*R6） R7=SQRT（POT（R6））	R7 等于 R6 与 R6 的积再开平方（12）
ABS（ ）	绝对值	R9=ABS（10-35）	R9 等于 10 减 35 的差，并取绝对值（25）
TRUNC（ ）	向下取整	R6=2.9 R8=TRUNC（R6） R6=-3.4 R8=TRUNC（R6）	R8 等于舍去 R6 数值的小数部分（2） R8 等于舍去 R6 数值的小数部分（-3）
ROUND（ ）	四舍五入	R8=8.492 R9=ROUND（R8） R8=8.502 R9=ROUND（R8）	（上）R9=8，（下）R9=9 R9 等于仅对 R8 数值小数部分的第一个小数位进行四舍五入取整
ROUNDUP（ ）	向上取整	R8=8.1 R9=ROUNDUP（R8）=9 R8=-8.1 R9=ROUNDUP（R8）=-9	（上）R9=9，（下）R9=-9 R9 等于仅对 R8 数值小数部分的第一个小数位进行向上取整

注：1. 向下取整函数 TRUNC（ ），又称去尾取整函数。处理数值时，若运算后产生的整数绝对值小于原数的绝对值时为向下取整，故对负数使用向下取整函数时要十分小心。

2. 向上取整函数 ROUNDUP（ ）处理数值时，若运算后产生的整数绝对值大于原数的绝对值时为向上取整，故对负数使用向上取整函数时要十分小心。

5.1.4 非圆二次曲线（椭圆）的数学几何基本知识

（1）预备知识——椭圆简单几何关系 椭圆是一个非圆二次曲线。平面内与两定点 F_1、F_2 的距离之和等于常数 $2a$（$2a>|F_1F_2|$）的动点 P 的轨迹叫作椭圆，即 $|PF_1|+|PF_2|=2a$，其中两定点 F_1、F_2 叫作椭圆的焦点，两焦点的距离 $|F_1F_2|=2c<2a$ 叫作椭圆的焦距。椭圆截与两焦点连线重合的直线所得的弦为长轴，长为 $2a$；椭圆截垂直平分两焦点连线的直线所得弦为短轴，长为 $2b$。

椭圆是对称的，与两焦点连线重合的直线和垂直平分两焦点连线的直线均为椭圆的"对称轴"。椭圆的长轴和短轴的交点称为"椭圆中心"，椭圆与对称轴相交有 4 个交点，这 4 个交点称为"顶点"。

（2）椭圆曲线插补轨迹的编程公式表达 焦点在 Z 轴上的椭圆方程、图形见表5-4。

表 5-4 焦点在 Z 轴上的椭圆方程与图形

方程公式	$X=\dfrac{b}{a}\sqrt{a^2-Z^2}$	$X=-\dfrac{b}{a}\sqrt{a^2-Z^2}$
方程特征	编程原点和椭圆中心重合	编程原点和椭圆中心重合
取值范围	自变量 Z 的取值区间 $[a, 0]$	自变量 Z 的取值区间 $[0, -a]$
半椭圆图形		

为了方便在数控加工程序中表示，可将标准方程 $\dfrac{z^2}{a^2}+\dfrac{x^2}{b^2}=1$，转换为以 Z 坐标为自变量、X 坐标为因变量的方程式（下同），即

$$X=\pm\frac{b}{a}\sqrt{a^2-Z^2}\ a>b>0$$

如果令参数 R_2 表示因变量 X，R_1 表示自变量 Z，a、b 为常数，则椭圆方程的参数编程表达式又可以转换为

$$R_2=\frac{b}{a}*\text{SQRT}\,[\,\text{POT}\,(\,a\,)\,-\text{POT}\,(\,R_1\,)\,]$$

或

$$R_2=\frac{b}{a}*\text{SQRT}\,(\,a*a-R_1*R_1\,)$$

椭圆的焦点在 X 轴上的椭圆方程分析同上。

5.1.5 非圆二次曲线（抛物线）的数学几何基本知识

（1）预备知识——抛物线简单几何关系　抛物线是一条非圆二次曲线。平面内到一个定点和一条定直线的距离相等的点的轨迹叫作抛物线。其中的定点叫抛物线的焦点，定直线叫抛物线的准线。垂直于准线并通过焦点的线（即通过中间分解抛物线的线）称为"对称轴"。与对称轴相交的抛物线上的点称为"顶点"（也称为抛物线的数学原点）。抛物线可以向上、向下、向左、向右或向任何一个方向打开。

（2）抛物线插补轨迹的编程公式表达

1）抛物线对称轴与 Z 坐标轴平行的抛物线方程、图形和顶点坐标见表 5-5。方程中 P 为抛物线焦点参数（$P>0$）。

表 5-5　对称轴与 Z 坐标轴平行的抛物线方程、图形与顶点坐标

方程	$X^2=2PZ$（标准方程）	$X^2=-2PZ$	$(X-g)^2=2P(Z-h)$	$(X-g)^2=-2P(Z-h)$
顶点	$A(0,0)$	$A(0,0)$	$A(g,h)$	$A(g,h)$
图形				

为了方便在程序中表示，可将标准方程 $X^2=\pm2PZ$ 转换为以 X 坐标为自变量、Z 坐标为因变量的方程式，即

$$Z=\pm\frac{X^2}{2P}$$

当抛物线开口朝向 Z 坐标轴正半轴时 $Z=\dfrac{X^2}{2P}$；反之，$Z=-\dfrac{X^2}{2P}$。

如果令参数 R_1 表示因变量 Z，R_2 表示自变量 X，R_3 赋值焦点参数 P，则抛物线方程的参数编程表达式又可以转换为

$$R_1=\pm\frac{\text{POT}\,(\,R_2\,)}{(\,2*R_3\,)}$$

或

$$R_1 = \pm \frac{(R_2 * R_2)}{(2 * R_3)}$$

2）抛物线对称轴与 X 坐标轴平行的抛物线方程、图形和顶点坐标见表5-6。方程中 P 为抛物线焦点参数。

表 5-6　对称轴与 X 坐标轴平行的抛物线方程、图形与顶点坐标

方程	$Z^2=2PX$（标准方程）	$Z^2=-2PX$	$(Z-h)^2=2P(X-g)$	$(Z-h)^2=-2P(X-g)$
顶点	$A(0,0)$	$A(0,0)$	$A(g,h)$	$A(g,h)$
图形				

如果令参数 R_2 表示因变量 X，R_1 表示自变量 Z，R_3 赋值焦点参数 P，则对称轴与 X 坐标轴平行抛物线方程的参数编程表达式又可以转换为

$$R_2 = \pm \frac{POT(R_1)}{(2 * R_3)}$$

或

$$R_2 = \pm \frac{(R_1 * R_1)}{(2 * R_3)}$$

5.2　半椭圆体轴零件的 R 参数编程

本节学习内容如下：

1）应用 R 指令编制半椭圆体车削加工程序。

2）应用 R 指令设置半椭圆体图形中心和编程原点的坐标关系。

半椭圆体轴零件左端由 $\phi 34mm \times 26mm$、$\phi 47mm \times 10mm$ 两个外圆柱组成直角台阶轴，右端由长半轴25mm短半轴15mm的半椭圆体组成（图5-2）。加工毛坯已完成零件左端 $\phi 34mm \times 26mm$、$\phi 47mm \times 10mm$ 和零件右端 $\phi 34mm \times 26mm$ 的加工。

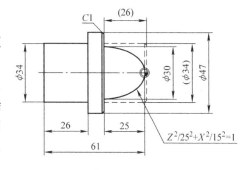

图 5-2　半椭圆体轴零件加工尺寸

5.2.1　数控加工工艺分析

（1）半椭圆体轴零件加工工艺过程　半椭圆体零件的数控加工工步见表5-7。

（2）刀具选择　零件的加工材料选择硬铝，材料牌号为2A12；选择对应的铝材料切削加工刀具。其中，93°外圆粗车刀的刀尖圆弧半径为0.8mm，93°外圆精车刀的刀尖圆弧半径为0.2mm，刀尖方位号为"3"。切削参数（参考值）见表5-8。

表 5-7 半椭圆体零件的数控加工工步

序号	工步名称	工步简图	说明
1	平右端面	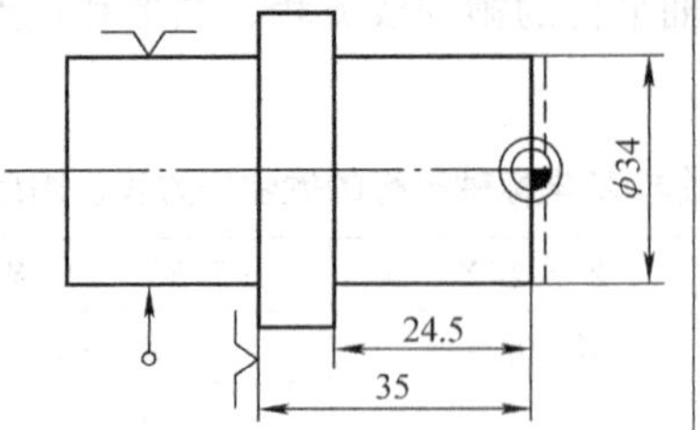	建立 Z 向加工基准，平完右端面后，保证工件毛坯伸出 35mm
2	右端椭圆、C1 粗加工	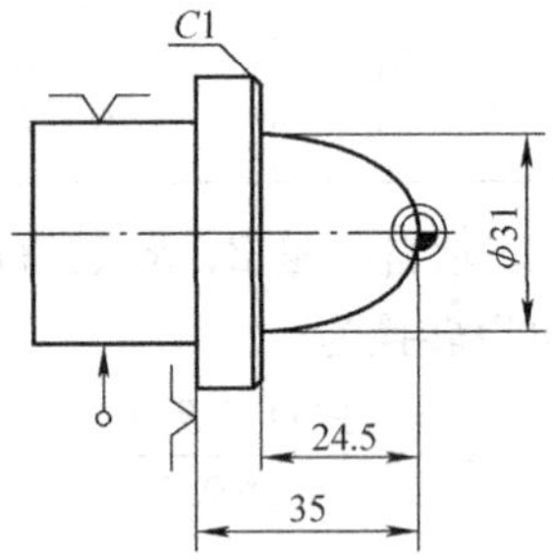	粗车椭圆、C1 至图示尺寸。X 向余量（单边）为 0.5mm，Z 向余量为 0.5mm
3	右端椭圆、C1 精加工	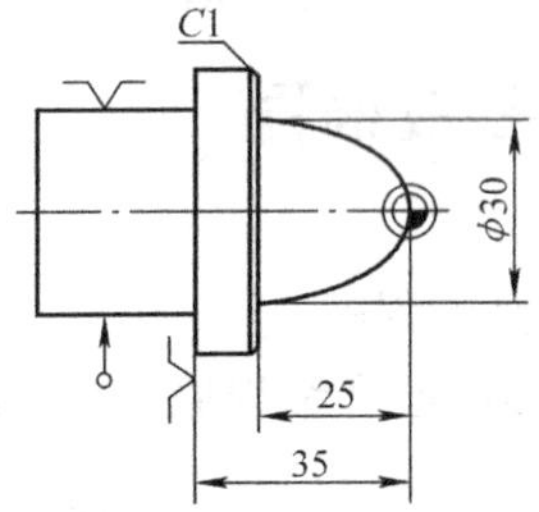	精车椭圆、C1

注：本节假设半椭圆体轴零件的左端部分已加工完成，仅考虑右端椭圆轮廓部分的加工编程。

表 5-8 半椭圆体零件加工刀具及参考切削参数

刀具编号	刀具名称	切削参数			说明
		背吃刀量 a_p/mm	进给量 f/（mm/r）	主轴转速 /（r/min）	
T1	粗加工刀具 _W	1.5	0.3	1500	93°
T2	精加工刀具 _W	0.5	0.1	2000	93°

（3）夹具与量具选择

1）夹具：选用自定心卡盘。

2）量具：量具见表 5-9。

表 5-9　半椭圆体零件测量量具

序号	量具名称	量程	测量位置	备注
1	游标卡尺	0~150mm	外径粗测量、长度测量	精度 0.02mm
2	样板	组	半椭圆体	光隙法测量

（4）毛坯设置　半椭圆体轴零件加工毛坯选择切削性能较好的硬铝，材料牌号为 2A12；毛坯尺寸为 $\phi 50mm \times 65mm$，按图 5-2 所示加工好半成品毛坯。

（5）编程原点设置　半椭圆体轴零件由棒料毛坯型材加工，装夹时先夹持零件左端 $\phi 34mm \times 26mm$ 的外圆，伸出长度为 35mm，将工件坐标系原点（G54）设置在 $\phi 34mm \times 25mm$ 右端面与轴中心线的交会处。

5.2.2　半椭圆体车削插补加工

分析图样可知，零件中椭圆弧的手工编制数控加工程序需通过变量编程实现，在西门子系统中也称为 R 参数编程。该编程方法可以实现椭圆等非圆曲线编程。该方法因程序逻辑性强、便捷、生成的程序段较少而被广泛应用。

（1）半椭圆曲线的插补机理　数控机床只能进行直线插补和圆弧插补。椭圆形状在数控系统处理器中用无数微小直线段去逼近理想椭圆轮廓（图 5-3）。椭圆轮廓曲线上的微小线段也是根据加工精度、处理器的精度、加工时间与效率综合考虑后设定的。逼近线段（又称插补线段）与被加工曲线的交点称为节点。椭圆插补过程就是求出椭圆上各节点坐标值的过程。一般做法：将椭圆曲线起点的 Z 坐标值设为自变量（也可以选 X 坐标值），使其在规定取值范围内按一定规律递增或递减，再通过椭圆公式计算出相对应的 X 坐标值，若自变量的变化范围超出取值范围，椭圆曲线加工即达到终点。令 g 为插补误差，通常取工件公差的 1/10~1/5。

（2）半椭圆曲线的编程说明　图 5-4 所示的含半椭圆体轮廓零件，可以看作在标准椭圆公式基础上（数控车床加工图形特点）对标准椭圆的 1/4 的椭圆弧进行加工编程。

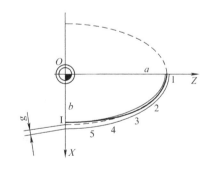

图 5-3　椭圆轮廓的逼近过程及插补误差

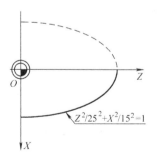

图 5-4　椭圆中心跟编程原点重合

1）编程时，选择 X 为因变量，Z 值的取值（长半轴尺寸变化）区间为 [25，0]，根据椭圆的编程公式 $X=\dfrac{b}{a}\sqrt{a^2-Z^2}$，取每次直线插补节点计算增量 0.2mm，编制椭圆线段加工部分程序。

```
...
R1=25                                              ;令 Z 坐标为自变量，并赋初值
```

```
LABE1:                            ; 跳转标记
R2=15/25*SQRT(POT(25)-POT(R1))    ; 计算 X 坐标值
G01 X=2*R2 Z=R1                   ; 直线插补逼近椭圆，X 为直径值
R1=R1-0.2                         ; 自变量计数器（Z 坐标值）递减
IF R1>=0 GOTOB LABE1              ; 当计数器 R1 的值不小于 0 时，继续车削
...
```

实际加工过程中，编程原点和椭圆中心常常不重合，图 5-4 就表示椭圆中心是编程原点沿 Z 轴向左移动 25mm 后的重合位置。若实现该椭圆弧的加工，可将程序"G01 X=2*R2 Z=R1"语句修改为"G01 X=2*R2，Z=R1-25"，执行这一程序段即可实现 X 坐标轴（Z 坐标值的改变）的偏移，程序中其余部分不必修改。

2）参数编程一般适用于图样上标注椭圆弧起点与终点角度的图形，如图 5-5 所示。设椭圆上一动点 P，分别向 Z 坐标轴投影（令其对参数 R2 赋值）、X 坐标轴投影（令其对参数 R3 赋值），选择离心角 θ（令其对参数 R1 赋值）为自变量，系统规定顺时针为正。其长半轴和短半轴与离心角 θ 之间的关系可以将椭圆的标准方程转换成 $X=b\sin\theta$、$Z=a\cos\theta$ 的参数方程格式。以图 5-2 为例进行椭圆参数编程时，自变量 θ 的取值范围为 [0，90]，θ 值每次计算递增 0.2°，编制椭圆线段加工部分程序如下：

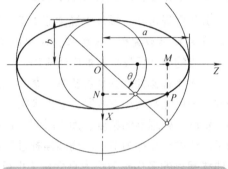

图 5-5　椭圆参数方程编程节点计算示意

```
...
R1=0                  ; 令离心角为自变量并赋初值
LABE1:                ; 跳转标记
R2=15*sin(R1)         ; 计算 X 坐标值
R3=25*cos(R1)         ; 计算 Z 坐标值
G01 X=2*R2  Z=R3      ; 直线插补逼近椭圆，X 为直径值
R1=R1+0.2             ; 自变量计数器（Z 离心角）递增
IF R1<= 90 GOTOB LABE1 ; 加工条件判断
...
```

通过上述椭圆 R 参数程序编制过程可以看到，为了适应椭圆曲线不同的起始点和不同的步距，可以编制一个只使用 R 参数表达变量的（不用具体数值）参数程序，然后在主程序中为上述表示不同变量的 R 参数赋值。这样，就可以实现对任意椭圆的加工编程而不必更改程序，只需修改主程序中的 R 参数赋值数据就可以完成。

5.2.3　半椭圆体加工程序编制

进入程序编辑界面后可以按照以下主要步骤实施：

1）编写加工程序的程序信息及工艺准备内容程序段。

2）创建椭圆零件毛坯设置程序段。

3）创建平端面程序段，参数设置可参见 2.2.1 小节。

4）创建轮廓调用循环指令（CYCLE62）段。

5）应用轮廓车削循环指令（CYCLE952），在屏幕下方按水平软键中的〖轮廓车削〗，在屏幕右侧按垂直软键中的〖切削〗，填写粗加工参数（图5-6）如下：

① "输入"选择"完全"。

② "PRG"待生成的程序名称输入"BTY"。

③ "SC"安全距离输入"2.000"，"F"切削量输入"0.300"。

④ "加工"选择"▽"粗加工，加工方向选择"纵向""外部""←"。

⑤ "D"最大背吃刀量输入"1.000"，选择"⌐"始终沿轮廓返回、"↘"切削分段等分、"⇐"恒定背吃刀量。

⑥ "UX" X轴精加工余量输入"0.500"，"UZ" Z轴精加工余量输入"0.500"，"DI"连续切削输入"0.000"。

⑦ "BL"毛坯特性选择"圆柱体"，"XD"和"ZD"余量均输入"0.000"。

⑧ "凹轮廓加工"选择"否"，"加工区限制"选择"否"。

6）应用轮廓车削循环指令（CYCLE952），在屏幕下方按水平软键中的〖轮廓车削〗，在屏幕右侧按垂直软键中的〖切削〗，填写精加工参数（图5-7）如下：

① "输入"选择"完全"。

② "PRG"待生成的程序名称输入"BTY"。

③ "SC"安全距离输入"2.000"，"F"切削量输入"0.100"。

④ "加工"选择"▽▽▽"精加工，加工方向选择"纵向""外部""←"。

⑤ "余量"选择"否"。

⑥ "凹轮廓加工"选择"否"，"加工区限制"选择"否"。

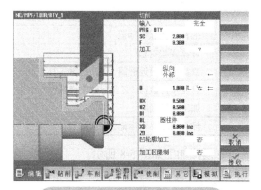

图5-6 半椭圆体粗车削循环指令
（CYCLE952）参数设置界面

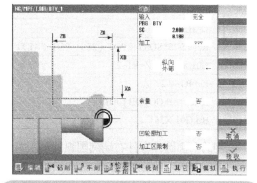

图5-7 半椭圆体精车削循环指令（CYCLE952）
参数设置界面

确认以上参数设置无误后，按〖接收〗软键，完成该加工程序的编制，见表5-10。

表5-10 半椭圆体使用车削循环指令（CYCLE952）编程的参考程序

; BTY_1.MPF		程序名：半椭圆加工程序 BTY_1
; 2019-1-5 NANJING LIUH		程序编写日期与编程者
N10	G54 G00 G18 G95 G40	系统工艺状态设置
N20	DIAMON	直径编程方式
N30	WORKPIECE（,,,"CYLINDER",0,0,65,30,34）	毛坯设置
N40	T1D1	调用1号刀（外圆粗车刀），1号刀沿

（续）

N50	M03 S1500	主轴正转，转速为 1500r/min
N60	Z100	快速到达"安全位置"，先定位 Z 向，
N70	X100	再定位 X 向
N80	G00 X36 Z2	快速到达循环起点
N90	CYCLE62（,2,"AA","BB"）	轮廓调用类型设置为"标签"
N100	CYCLE952（"BTY",,"",2101311,0.1,0.1,0,1,0.1,0.1, 0.5,0.5,0.1,0,1,0,0,,,,,2,2,,,0.2,,0,12,1100110,1,0）	调用循环指令加工半椭圆，X 向编程余量为 1mm，Z 向编程余量为 0.5mm
N110	G00 G40 X36 Z2	快速到达循环起点
N120	X100 Z100	快速到达"安全位置"
N130	T2D1	调用 2 号刀（外圆精车刀），1 号刀沿
N140	M03 S2000	主轴正转，转速为 2000r/min
N150	Z100	快速到达"安全位置"，先定位 Z 向，再定位
N160	X100	X 向
N170	G00 X36 Z2	快速到达循环起点
N180	CYCLE62（,2,"AA","BB"）	轮廓调用类型设置为"标签"
N190	CYCLE952（"BTY",,"",2101321,0.1,0.1,0,1,0.1,0.1, 0.5,0.5,0.1,0,1,0,0,,,,,2,2,,,0.2,,0,12,1100110,1,0）	调用循环指令加工半椭圆，X 向编程余量为 0mm，Z 向编程余量为 0mm
N200	G00 G40 X36 Z2	快速到达循环起点
N210	X100 Z100	快速退刀至"安全位置"
N220	M05	主轴停转
N230	M30	程序结束
N240	AA:G1X0	标签
N250	R1=25	令长半轴（Z 坐标）为自变量并赋初值
N260	LABE1:	插补循环起始标记
N270	R2=15/25*SQRT（POT（25）–POT（R1））	计算 X 坐标值
N280	G01 X=2*R2 Z=R1–25	直线插补逼近椭圆，X 坐标轴平移
N290	R1=R1–0.2	自变量计数器（Z 坐标值）递减
N300	IF R1 >=0 GOTOB LABE1	加工条件判断
N310	BB:G01 X36	插补循环终止标记，X 向退刀

编制的半椭圆体零件右端椭圆弧的加工参考程序的仿真模拟加工如图 5-8 所示。

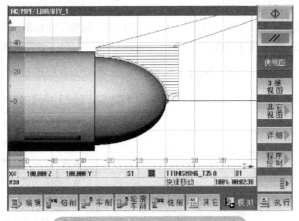

图 5-8　半椭圆体右端仿真加工

5.2.4　加工编程练习与思考题

（1）加工编程练习图 1　如图 5-9 所示，依据给出的参考加工过程，编制椭圆体零件的数控车削加工程序。毛坯尺寸为 $\phi 50mm \times 50mm$ ；材质为 2A12。

参考加工过程如下：

1）加工左端外轮廓（$\phi 47mm \times 22mm$）。

2）调头保证总长 47mm。

3）加工右端椭圆体外轮廓。

（2）加工编程练习图 2　如图 5-10 所示，依据给出的参考加工过程，编制椭圆体零件的数控车削加工程序。毛坯尺寸为 $\phi 50mm \times 70mm$ ；材质为 2A12。

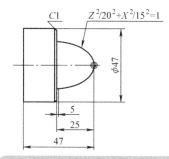

图 5-9　椭圆零件的零件图（1）

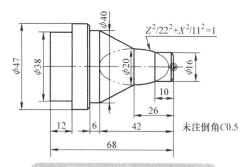

图 5-10　椭圆零件的零件图（2）

参考加工过程如下：

1）加工左端外轮廓（$\phi 47mm \times 8mm$、$\phi 38mm \times 12mm$）。

2）调头保证总长 68mm。

3）加工右端 $\phi 40mm \times 6mm$ 及椭圆体外轮廓。

（3）思考题

1）当椭圆的焦点在 Z 轴上时选择什么椭圆方程公式？

2）椭圆中心和编程原点不重合时，请说明如何将编程原点移至椭圆中心上。

3）在不超过插补误差时，椭圆参数编程插补的步长越小越好吗？为什么？

5.3　"空竹"形轮廓零件的 R 参数编程

本节学习内容如下：

1）应用 R 指令编制抛物线车削加工程序。

2）应用 R 指令设置抛物线顶点和编程原点之间的坐标转化关系。

图 5-11 所示"空竹"形轮廓零件右端由倒角 C1、$\phi 36mm \times 6mm$ 圆柱体、$R20$ 圆弧面体及抛物线 $X=0.08Z^2$ 曲面体组成。零件的左半部分已经加工完成，加工毛坯为 $\phi 48mm \times 80mm$。

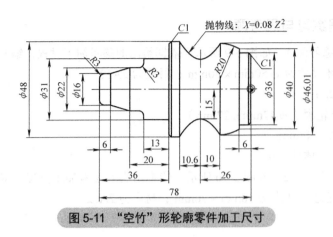

抛物线: $X=0.08Z^2$

图 5-11 "空竹"形轮廓零件加工尺寸

5.3.1 数控加工工艺分析

（1）"空竹"形轮廓零件加工工艺过程 "空竹"形轮廓零件的加工工艺过程见表 5-11。

表 5-11 "空竹"形轮廓零件的加工工艺过程

序号	工步名称	工步简图	说明
1	调头保证总长		平右端面，保证工件右端毛坯长度 36mm，建立 Z 向加工基准
2	右端粗加工		粗车倒角 C1、ϕ 37mm×5.5mm、R20 圆弧面体及抛物线 $X=0.08Z^2$ 曲面体 X 向余量（单边）为 0.5mm，Z 向余量为 0.5mm
3	右端精加工		精车倒角 C1、ϕ 36mm×6mm、R20 圆弧及抛物线 $X=0.08Z^2$ 至图示尺寸

注：本节假设"空竹"形轮廓零件的左端部分已经加工完成，仅考虑右端抛物线轮廓部分的加工编程。

（2）刀具选择 零件的加工材料选择硬铝，材料牌号为 2A12，选择对应的铝材料切削加工刀具。其中 35°外圆粗车刀的刀尖圆弧半径为 0.4mm，35°外圆精车刀的刀尖圆弧半径为

0.2mm，刀尖方位号为"3"。切削参数（参考值）见表5-12。提示：应考虑切削中刀具形状与零件抛物线轮廓的干涉。

表5-12 "空竹"形轮廓零件加工刀具及参考切削参数

刀具编号	刀具名称	切削参数			说明
		背吃刀具 a_p/mm	进给量 f/（mm/r）	主轴转速/（r/min）	
T7	粗加工刀具_W	1.5	0.3	1500	93°、35°
T8	精加工刀具_W	0.5	0.1	2000	93°、35°

（3）夹具与量具选择

1）夹具。选用自定心卡盘。

2）量具。量具见表5-13。

表5-13 "空竹"形轮廓零件测量量具

序号	量具名称	量程	测量位置	备注
1	游标卡尺	0~150mm	外径粗测量、长度测量	精度0.02mm
2	样板	组	下开口抛物线	光隙法测量

（4）编程原点设置 抛物线轮廓零件由棒料毛坯型材加工，装夹时夹持零件左端已加工完毕的 $\phi31\text{mm} \times 13\text{mm}$ 外圆柱，将工件坐标系原点（G54）设置在 $\phi36\text{mm} \times 6\text{mm}$ 右端面与轴中心线的交会处。

5.3.2 "空竹"形轮廓零件车削加工编程

（1）抛物线的编程思路 分析图样5-11可知，"空竹"形轮廓零件右侧抛物线的对称轴与 X 坐标轴平行，抛物线顶点（-26，30）跟编程坐标系原点不重合，编程中需要进行坐标系平移。为方便理解编程的思路，可以先设抛物线顶点为抛物线轮廓插补轨迹的计算原点，因此抛物线方程的参数编程表达式为"R2=0.08*POT（R1）"或者"R2=0.08*R1*R1"。

令参数"R2"表示因变量 X，"R1"表示自变量 Z，其取值区间为 [10，-10.6]，直线插补节点增量0.1mm，编制抛物线段加工部分程序如下：

```
...
R1=10                      ；令 Z 坐标为自变量并赋初值
AA:                        ；跳转标记
R2=0.08*R1*R1              ；计算 X 坐标值
G01 X=2*R2 Z=R1           ；直线插补逼近抛物线，X 为直径值
R1=R1-0.1                  ；Z 坐标值递减，每次为 0.1
IF R1>=-10.6 GOTOB AA      ；加工条件判断
...
```

抛物线编程说明如下：

1）Z 坐标的初始值以抛物线的顶点为抛物线轮廓插补轨迹的计算原点来计算。

2）图5-10所示抛物线轮廓的程序编制就是将上面程序中"G01 X=2*R2 Z=R1"这个程序语句修改为"G01 X=2*R2+30 Z=R1-26"，执行这一程序段即实现了 X 坐标轴和 Z 坐标值的偏移，即达到抛物线顶点和编程原点重合，程序中其余部分不必修改。

3）X坐标轴是直径编程，偏移数值要以2倍计算。

（2）抛物线加工程序编制　进入程序编辑界面后可以按照以下步骤实施。

1）编写加工程序的信息及工艺准备内容程序段。

2）创建抛物线零件毛坯设置程序段。

3）创建轮廓调用指令（CYCLE62）段。

4）应用轮廓车削循环指令（CYCLE952），在屏幕下方按水平软键中的〖轮廓车削〗，在屏幕右侧按垂直软键中的〖切削〗，填写粗加工参数（图5-12）如下：

①"输入"选择"完全"。

②"PRG"待生成的程序名称输入"A"。

③"SC"安全距离输入"2.000"，"F"切削量速度输入"0.300"。

④"加工"选择"▽"粗加工，加工方向选择"纵向""外部""←"。

⑤"D"最大背吃刀量输入"1.500"，选择"⌐⌐"始终沿轮廓返回、"↳↳"切削分段等分、"⇐"恒定背吃刀量。

⑥"UX"X轴精加工余量输入"1.000"，"UZ"Z轴精加工余量输入"0.000"，"DI"连续切削输入"0.000"。

⑦"BL"毛坯特性选择"圆柱体"，"XD"和"ZD"余量均输入"0.000"。

⑧"凹轮廓加工"选择"是"，"加工区限制"选择"否"。

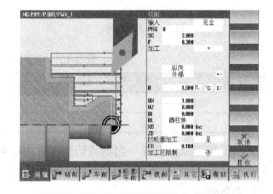

图5-12　抛物线轮廓零件车削加工编程参数设置界面

5）应用轮廓车削循环指令（CYCLE952），在屏幕下方按水平软键中的〖轮廓车削〗，在屏幕右侧按垂直软键中的〖切削〗，填写精加工参数（图5-13）如下：

①"输入"选择"完全"。

②"PRG"待生成的程序名称输入"A"。

③"SC"安全距离输入"2.000"，"F"切削进给量输入"0.100"。

④"加工"选择"▽▽▽"精加工，加工方向选择"纵向""外部""←"。

⑤"余量"选择"否"。

⑥"凹轮廓加工"选择"是"，"加工区限制"选择"否"。

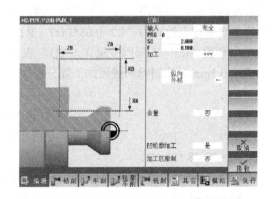

图5-13　抛物线轮廓零件车削加工编程参数设置界面

确认以上参数设置无误后，按〖接收〗软键，完成这个加工计划的程序语句编制，见表5-14。

表 5-14　"空竹"形轮廓零件工艺复合循环指令编程的参考程序

;PWX_1.MPF	程序名:抛物线加工程序 PWX_1
;2019-1-5 NANJING LIUH	程序编写日期与编程者
N10	G54 G00 G18 G95 G40	系统工艺状态设置
N20	DIAMON	直径编程方式
N30	WORKPIECE（,L1,"CYLINDER",0,0,80,50,48）	毛坯调用
N40	T7D1	调用 7 号刀（粗加工刀具_W），1 号刀沿
N50	M03 S1500	主轴正转,转速为1500r/min
N60	Z100	快速到达"安全位置",先定位 Z 向,再定
N70	X100	位 X 向
N80	G00 X52 Z2	快速到达循环起点
N90	CYCLE62（,2,"AA","BB"）	轮廓调用类型设置为"标签"
N100	CYCLE952（"A",,"",1101311,0.3,0.1,0,1.5,0.1,0.1,1,0,0.1,0,1,0,0,,,,,2,2,,,0,2,,0,12,1100110,1,0）	调用轮廓车削循环指令加工抛物线粗加工零件右端轮廓
N110	G00 G40 X52Z2	快速到达循环起点
N120	X100 Z100	快速到达"安全位置"
N130	T8D1	调用 8 号刀（精加工刀具_W）、1 号刀沿
N140	M03 S2000	主轴正转,转速为2000r/min
N150	Z100	快速到达"安全位置",先定位 Z 向,再定
N160	X100	位 X 向
N170	G00 X52 Z2	快速到达循环起点
N180	CYCLE62（,2,"AA","BB"）	轮廓调用类型设置为"标签"
N190	CYCLE952（"A",,"",1101321,0.1,0.1,0,1.5,0.1,0.1,1,0,0.1,0,1,0,0,,,,,2,2,,,0,2,,0,12,1100110,1,0）	调用轮廓车削循环指令加工抛物线精加工零件右端轮廓
N200	G00 G40 X52 Z2	快速退刀
N210	X100 Z100	快速返回"安全位置"
N220	M05	主轴停止
N230	M30	程序结束
N240	AA：G01 G42 X34	直线插补,接近工件端面
N230	Z0	直线插补,至工件端面
N240	X36 Z-1	直线插补,切削倒角
N250	Z-6	直线插补,切削 ϕ36mm 圆柱
N260	X40	直线插补,至圆弧起点
N270	G03 X46.07Z-16CR=20	圆弧插补 R20 圆弧
N280	R1=10	令长半轴（Z 坐标）为自变量并赋初值
N290	LABE1:	插补循环起始标记
N300	R2=R1*R1/12.5	计算抛物线 X 坐标值
N310	G01 X=R2*2+30 Z=R1-26	直线插补抛物线,X、Z 坐标轴平移
N320	R1=R1-0.1	自变量计数器（Z 坐标值）递减
N330	IF R1>=-10.6 GOTOB LABE1	加工条件判断
N340	BB:X50	插补循环终止标记,X 向退刀

（3）"空竹"形轮廓零件右端抛物线轮廓仿真加工　编制的"空竹"形零件右端抛物线轮廓加工参考程序的仿真模拟加工如图 5-14 所示。

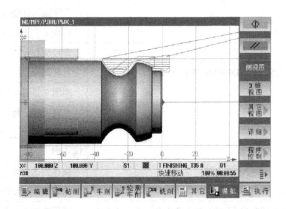

图 5-14　"空竹"形零件右端抛物线轮廓仿真加工

5.3.3　加工编程练习与思考题

（1）加工编程练习图 1　如图 5-15 所示，依据给出的参考加工过程，编制抛物线轮廓零件的数控车削加工程序。毛坯尺寸为 $\phi 50\text{mm} \times 81\text{mm}$；材质为 2A12。

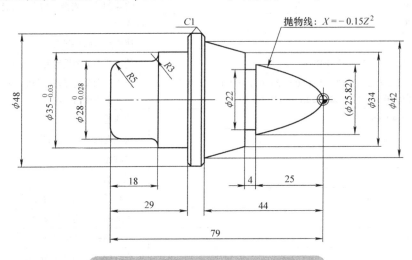

图 5-15　抛物线轮廓零件的加工尺寸（1）

参考加工过程如下：

1）加工左端外轮廓（$\phi 48\text{mm} \times 6\text{mm}$、$\phi 35_{-0.03}^{0} \text{mm} \times 11\text{mm}$、$\phi 28_{-0.028}^{0} \text{mm} \times 18\text{mm}$）。

2）调头保证总长 79mm。

3）加工右端外轮廓（抛物线及圆锥）。

4）加工右端凹槽 $\phi 22\text{mm} \times 4\text{mm}$。

> 💡 提示：抛物线对称轴与 Z 坐标轴平行的抛物线方程，采用抛物线方程的参数编程表达式："R1= ±POT（R2）/（2*R3）或 R1=±（R2*R2）/（2*R3）。[本题为：-0.15=1/（2*3）]

当编制车削抛物线对称轴与 Z 坐标轴平行的抛物线轮廓零件的加工程序时，鉴于图形的对称性，仅需考虑抛物线轮廓的一半。

（2）加工编程练习图2 如图5-16所示，依据给出的参考加工过程，编制抛物线轮廓零件的数控车削加工程序。毛坯尺寸为 $\phi50\text{mm} \times 82\text{mm}$；材质为 2A12。

参考加工过程如下：

1）加工左端外轮廓（$\phi20\text{mm} \times 16\text{mm}$、$\phi35_{-0.032}^{0}\text{mm} \times 10\text{mm}$、$\phi40_{-0.062}^{0}\text{mm} \times 5\text{mm}$）。

2）加工左端凹槽 $\phi16\text{mm} \times 4\text{mm}$。

3）调头保证总长 80mm。

4）加工右端外轮廓（$\phi14_{-0.043}^{0}\text{mm} \times 10\text{mm}$、抛物线、圆锥、$\phi48\text{mm} \times 6\text{mm}$）。

 提示：通过设置自变量的不同取值范围，可以加工抛物线中的任意一段轮廓。

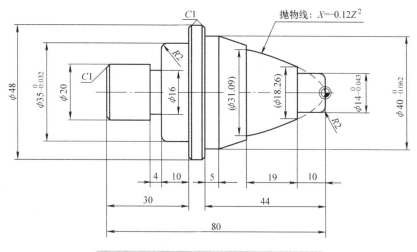

图5-16 抛物线轮廓零件的加工尺寸（2）

（3）思考题

1）当抛物线对称轴与 Z 坐标轴平行时抛物线选择什么方程？

2）抛物线顶点和编程原点不重合时，请说明如何将编程原点移至抛物线中心上。

3）抛物线对称轴与 X 坐标轴平行的抛物线零件，自变量选择 X 坐标还是 Z 坐标？为什么？

5.4 Shop Turn 程序编制

通常，数控加工程序主要由专业人士才能采用复杂、抽象的代码进行编制。为了让每个工人都能运用传统机械加工中所积累的丰富经验去处理较为棘手的加工任务，西门子数控系统中的 Shop Turn 编程工具提供了解决方案：建立一个加工工作计划，而不是一段程序。通过建立包含具体操作要求的加工工作计划，操作者可以将其专业知识运用到加工过程中。由于 Shop Turn 编程工具能够建立强大的"集成式运行轨迹"，即使复杂的轮廓和工件也可以轻松制得。

本节结合 Shop Turn 编程工具常见的编程方法，以3个加工编程案例讲解 Shop Turn 编程工具的使用过程，读者可据此仿照练习。

5.4.1 应用"直线圆弧"功能编写 Shop Turn（程序）工作计划

Shop Turn 编程工具第一大特色是它的"直线圆弧"功能，多应用于单一轮廓的编程，如平端面、单一外圆车削编程等。完整的 Shop Turn（程序）工作计划，由程序开头、多个"直线"和"圆弧"以及程序结束组成。

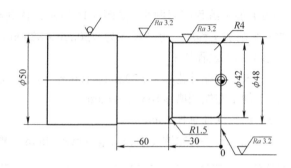

图 5-17 所示台阶轴零件的加工工艺分析参照 3.2 节，此处不再赘述。使用 Shop Turn 编程工具"直线圆弧"功能编写台阶轴零件图形加工工作计划的操作过程如下。

图 5-17 台阶轴零件加工尺寸

（1）创建台阶轴零件加工文件的路径 先按系统面板上的【MENU SELECT】→【程序管理】键，进入系统 NC 程序目录界面，在已经预置的程序路径下选择新加工文件的保存路径，如选择"零件程序"路径。按屏幕右侧〖新建〗软键→〖目录〗软键→输入新目录的名称，如图 5-18 所示。"新建目录"的名称栏目输入文件夹名称（如"SHOPTURN"），最后按〖确认〗软键，如图 5-19 所示。

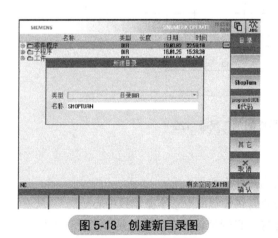

图 5-18 创建新目录图

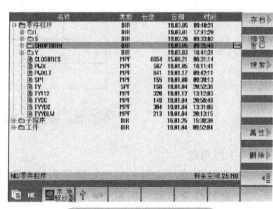

图 5-19 新目录创建完成

在新建的"SHOPTURN"目录下，再新建一个工步程序。操作过程：按〖新建〗软键，再按〖Shop Turn〗软键，输入新建工步程序文件名称，如"TJZ"（图 5-20），按〖确认〗软键。

（2）完成台阶轴零件加工程序的"程序开头"内容创建 进入新工步程序后，系统界面会自动跳至"程序开头"的参数设置界面，该界面包括 3 个区域：左侧为程序编辑"进程树"显示区；中间为编辑对象显示区；右侧为对应参数输入区。在"程序开头"区域输入毛坯数据和程序的基本数据（图 5-21）如下：

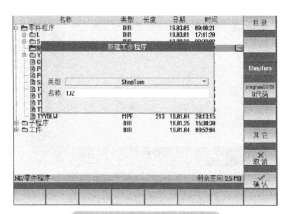

图 5-20 创建新工步程序

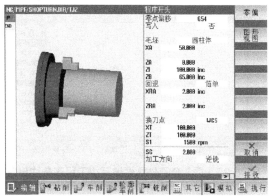

图 5-21 台阶轴零件加工程序的"程序开头"
参数设置界面

① "零点偏移"选择"G54","写入"选择"否"。

② "毛坯"选择"圆柱体","XA"圆柱体外直径输入"50.000","ZA"毛坯上表面的位置输入"0.000","ZI"毛坯的长度（相对于 ZA 设置时）输入"100.000"（inc），"ZB"加工长度（相对于 ZA 设置时）输入"65.000"（inc）。

③ "回退"选择"简单"模式，"XRA"返回平面 X 的长度（相对于 ZA 设置时），输入"2.000"（inc），"ZRA"返回平面 Z 的长度（相对于 ZA 设置时），输入"2.000"（inc）。

④ "换刀点"选择"WCS"，"XT"换刀点 X 坐标（直径值）输入"100.000"，"ZT"换刀点 Z 坐标输入"100.000"。

⑤ "S1"主轴最大转速输入"1500"（r/min）。

⑥ "SC"安全距离输入"2.000"，"加工方向"选择"逆铣"。

核对以上参数设置与输入内容无误后按右下方的〖接收〗软键。

> **注意：**回退平面可以在简单回退平面、扩展回退平面和全部回退平面之间进行选择。应用区别是：简单回退平面用于简单的圆柱体，扩展回退平面用于需要内部加工的复杂工件，全部回退平面用于极其复杂的工件内部加工和/或退刀槽切削。

（3）插入台阶轴零件编写加工程序的备注信息　在"程序开头"与"程序结束"之间按照约定格式插入两行编写台阶轴加工程序的程序名（第二行）和编写加工程序的时间及编程者姓名（第三行），如图 5-22 所示。

（4）应用"直线圆弧"功能编制台阶轴零件轮廓加工 Shop Turn（程序）工作计划

① 按屏幕下方的菜单扩展软键〖▶〗，出现扩展水平软键栏，按〖直线圆弧〗软键进入"直线圆弧"功能界面。编辑界面显示将要编写的加工程序的程序开头，台阶轴零件编写加工程序的备注信息与程序结束四行程序代码。将光标停在第三行结尾处，如图 5-23 所示。

图 5-22　插入台阶轴零件编写加工程序备注信息

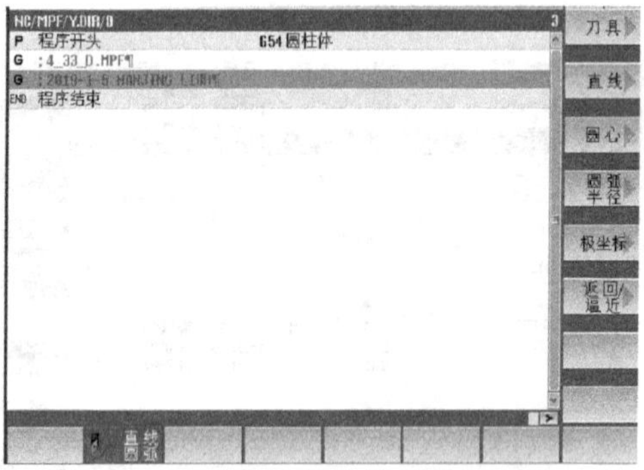

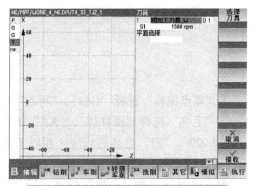

图 5-23　"直线圆弧"指令调用

② 按右侧软键〖刀具〗→〖选择刀具〗，从系统刀具表中选择"精加工刀具_W"，按〖确认〗软键，完成加工刀具的选择。在"S1"主轴转速设置栏中输入"1500"（r/min）；"平面选择"栏选择"无"，按〖接收〗软键，如图5-24所示。

③ 按图5-23所示界面右侧的〖直线〗软键进入"直线"参数输入界面，设置第一个直线移动程序段参数。按图5-25所示界面左侧"程序编辑链"中第3个位置"直线"图标。

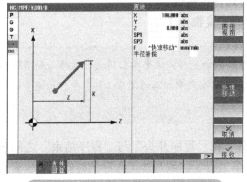

图 5-24　刀具数据及工艺数据的设置

"X" 输入 "100.000"（abs），"Z" 输入 "0.000"（abs），按右侧的〖快速移动〗软键，"F"项显示"*快速移动*"，按〖接收〗软键。此操作后可以在图5-26所示的编辑界面中（第3行）看到程序段"快进X100 Z0"已经插入程序中。

图 5-25　第一个直线移动参数设置

图 5-26　第一个直线移动程序段插入程序中

④ 将第二条"直线"循环插入程序。操作过程：按图5-23所示界面右侧的〖直线〗软键，进入"直线"参数输入界面，在输入框中输入参数值："X"项输入"60.000"（abs），"F"项输入"0.300"（mm/rev），在"半径补偿"项选择"⬚"（图5-27），按〖接收〗软键。此操作会将程序段"F0.3/rev G42 X60"插入程序中，如图5-28所示。

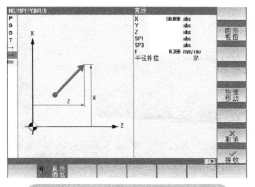

图 5-27　第二个直线移动参数设置

图 5-28　第二个直线移动程序段插入程序中

⑤ 将第三条"直线"循环插入程序。操作过程：按图 5-23 所示界面右侧的〖直线〗软键，进入"直线"参数输入界面，在输入框中输入参数值："X"项输入"34.000"（abs）（图 5-29），按〖接收〗软键。此操作会将程序段"X34"插入程序，见图 5-30。

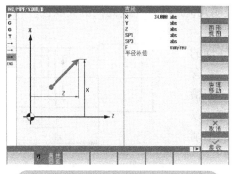

图 5-29　第三个直线移动参数设置

图 5-30　第三个直线移动程序段插入程序中

⑥ 将 R4"圆弧"循环插入程序。操作过程：按图 5-23 所示界面右侧的〖圆弧半径〗软键，进入"圆弧半径"参数输入界面，在输入框中输入参数值：参数"X"项输入"42.000"（abs），参数"Z"项输入"-4.000"（abs），参数"R"项输入"4.000"，参数"F"项输入"0.300"（mm/rev）（图 5-31），按〖接收〗软键。此操作会将程序段"F0.3/rev G3 X=42 Z=-4 R4"插入程序中，如图 5-32 所示。

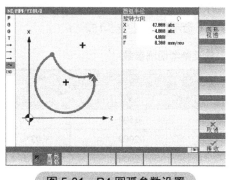

图 5-31　R4 圆弧参数设置

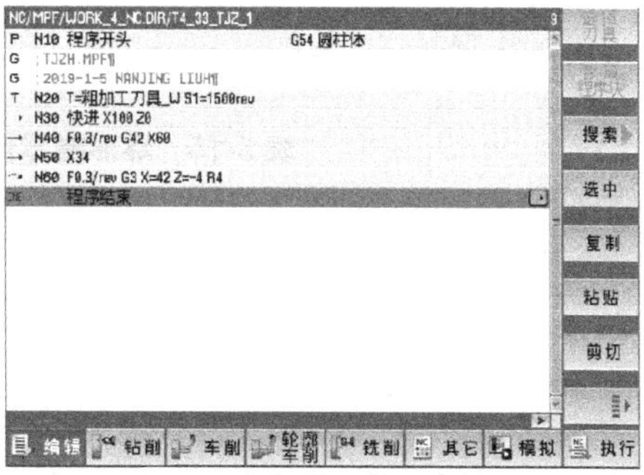

图 5-32　R4 圆弧程序段插入程序中

⑦ 按照上面的操作步骤，应用同样方法完成后续零件轮廓的程序段编制，如图 5-33 所示。

（5）零件轮廓加工程序模拟仿真　按水平软键栏中的〖直线圆弧〗软键或者菜单扩展键〖▶〗收回扩展水平软键栏，按〖模拟〗软键，控制系统后台运算模拟参数并开始模拟，在动画窗口中显示加工过程，如图 5-34 所示。

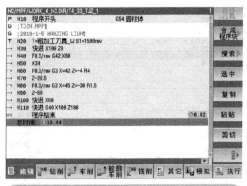

图 5-33　编制的台阶轴零件轮廓加工程序

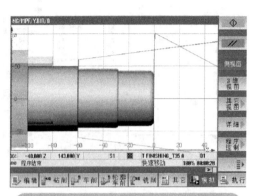

图 5-34　台阶轴零件轮廓模拟仿真加工

5.4.2　应用"车削循环"功能编写 Shop Turn（程序）工作计划

　　Shop Turn 编程工具第二大特色是几何形状和工艺在编程中是一个整体。即在某个工作步骤的图形化显示中，"归类"的各个图标可以清楚地表明几何形状和工艺之间的关联性。"归类"指生成一个加工步骤所需的几何形状和工艺相互关联。

　　Shop Turn 编程工具中的几何形状和工艺有关联性的模块包括毛坯轮廓、成品轮廓、轮廓车削（粗加工），含逼近和离开策略、余料车削、轮廓车削（精加工）、凹槽循环、螺纹循环、钻削循环、钻削位置、直线圆弧等。以图 5-35 所示环形槽零件的加工工作计划说明其中的车削循环、凹槽循环"归类"编程过程。

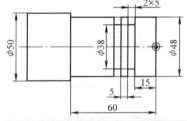

图 5-35　环形槽零件加工零件尺寸

　　（1）加工内容分析　该零件为只加工右端 ϕ48mm×60mm 的外圆轮廓零件，毛坯尺寸为 ϕ50mm×100mm。该零件由棒料毛坯型材加工，装夹时夹持毛坯的左端，将工件坐标系原点设置在零件的右端。该零件的加工过程：直径 ϕ50mm 毛坯安装在自定心卡盘上，伸出 80mm。加工编程坐标系（G54）设置在毛坯右端面与轴线相交处。先粗车外圆至 ϕ49mm×60mm，再精车外圆至 ϕ48mm×60mm，最后加工两个宽度为 5mm、底径为 ϕ38mm 的环形槽。

　　（2）刀具选择　零件的加工材料选择硬铝，材料牌号为 2A12；毛坯尺寸为 ϕ50mm×100mm，选择对应的铝材料切削加工刀具。选用刀具和切削参数（参考值）见表 5-15。

表 5-15　环形槽零件加工刀具及参考切削参数

刀具编号	刀具名称	切削参数			说明
		背吃刀量 a_p/mm	进给量 f/（mm/r）	主轴转速/（r/min）	
T1	粗加工刀具_W	1.5	0.3	1500	93°、80°
T2	精加工刀具_W	0.5	0.1	2000	93°、35°
T4	切入刀具_W	5	0.1	2000	刃宽 4mm

　　车削刀具选择机夹刀片。T1"粗加工刀具_W"刀片主偏角为 93°，刀尖角为 80°；T2"精加工刀具_W"刀片主偏角为 93°，刀尖角为 35°；T4"切入刀具_W"的刀片刃宽是 4mm，刃长是 8mm。

　　（3）使用 Shop Turn 编程工具完成的加工工作计划（程序）的管理和创建

1）创建环形槽零件加工文件的路径。程序目录的新建前面已介绍过，此处不再赘述。

2）完成"程序开头"内容创建。程序开头的设置此前已介绍过（可参照5.4.1小节内容编制）。

> 说明：若毛坯尺寸不同，则"毛坯"参数设置中"XA"圆柱体外直径、"ZA"毛坯上表面的位置、"ZI"毛坯的长度（相对于ZA设置时）和"ZB"加工长度（相对于ZA设置时）需要根据实际毛坯尺寸进行修改。

3）插入环形槽零件加工程序备注信息。工作计划（程序）名称为"HCZ.MPF"。

4）完成环形槽零件外轮廓粗加工工作计划。

着手创建一个工作计划以及其中对应零件的所有加工工序。

在屏幕下方按水平软键中的〖车削〗，在屏幕右侧按垂直软键中的〖切削〗，再按"切削1"图形软键；填写参数（图5-36）如下：

① "T"刀具名称从系统刀具表中选择"粗加工刀具_W"，刀沿号"D"为"1"。

② "F"切削进给量输入"0.300"（mm/rev），"S"主轴转速输入"1500"（r/min）。

③ "加工"选择"▽"粗加工，"位置"选择"￢""纵向"。

④ "X0"X轴参考点（绝对坐标，始终是直径）输入"50.000"，"Z0"Z轴参考点输入"0.000"。

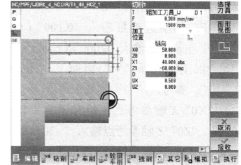

图5-36 环形槽零件"切削1"粗加工参数设置

⑤ "X1"X轴终点坐标输入"48.000"（abs）或"-48.000"（inc），"Z1"Z轴终点坐标输入"-60.000"（inc）。

⑥ "D"最大背吃刀量输入"1.000"，"UX"X轴精加工余量输入"0.500"，"UZ"Z轴精加工余量输入"0.000"。

确认以上参数设置无误后，按〖接收〗软键，完成环形槽零件外轮廓粗加工计划的程序编制。

> 注：图5-37所示的切削模式中无安全距离SC的设置，安全距离SC的设置是在程序开头设置（参见图5-21）中完成的。

5）完成环形槽零件外轮廓精加工工作计划。

按水平软键中的〖车削〗，按垂直软键中的〖切削〗，再按"切削1"图形软键；填写参数（图5-37）如下：

① "T"刀具名称从系统刀具表中选择"精加工刀具_W"，刀沿号"D"为"1"。

② "F"切削进给量输入"0.100"（mm/rev），"S"主轴转速输入"2000"（r/min）。

③ "加工"选择"▽▽▽"精加工，"位

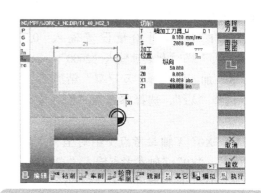

图5-37 环形槽零件"切削1"精加工参数设置

置"选择"⌐""纵向"。

④ "X0" X轴参考点（绝对坐标）输入"50.000"，"Z0" Z轴参考点输入"0.000"。

⑤ "X1" X轴终点坐标输入"48.000"（abs）或"–48.000"（inc），"Z1" Z轴终点坐标输入"–60.000"（inc）。

确认以上参数设置无误后，按〖接收〗软键，完成环形槽零件外轮廓精加工计划的程序编制。

6）完成环形槽零件外沟槽粗加工工作计划。

按水平软键中的〖车削〗，按垂直软键中的〖凹槽〗，再按"凹槽1"图形软键；填写参数（图5-38）如下：

① "T"刀具名称从系统刀具表中选择为"切入刀具_W"，刀沿号"D"为"1"。

② "F"切削进给量输入"0.100"（mm/rev），"S"主轴转速输入"2000"（r/min）。

③ "加工"选择"▽"粗加工，"位置"选择"↓"，参考点"↳"左侧上角点。

④ "X0" X轴参考点（绝对坐标）输入"48.000"，"Z0" Z轴参考点输入"–30.000"。

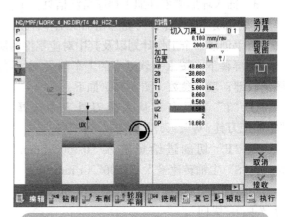

图 5-38　环形槽零件外沟槽粗加工参数设置

⑤ "B1"凹槽宽度输入"5.000"。

⑥ "T1"凹槽相对于参考点X0的深度输入"5.000"（inc）。

⑦ "D"插入时的最大背吃刀量输入"0.000"。

⑧ "UX" X轴精加工余量输入"0.500"（半径值），"UZ" Z轴精加工余量输入"0.500"。

⑨ "N"凹槽数量输入"2"。

⑩ "DP"凹槽间距输入"10.000"。

确认以上参数设置无误后，按〖接收〗软键，完成环形槽零件外沟槽粗加工计划的程序编制。

7）完成环形槽零件外沟槽精加工工作计划。

按水平软键中的〖车削〗，按垂直软键中的〖凹槽〗，再按"凹槽1"图形软键，填写参数（图5-39）如下：

① "T"刀具名称从系统刀具表中选择为T4"切入刀具_W"，刀沿号"D"设置为"1"。

② "F"切削进给量设置输入"0.100"（mm/rev），"S"主轴转速输入"2000"（r/min）。

③ "加工"选择"▽▽▽"精加工，"位置"选择"↓"，选择参考点"↳"左侧上角。

④ "X0" X轴参考点（绝对坐标）输入"48.000"，"Z0" Z轴参考点输入"–30.000"。

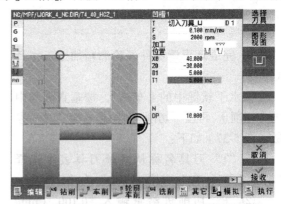

图 5-39　环形槽零件外沟槽精加工参数设置

⑤ "B1"凹槽宽度输入"5.000"。

⑥ "T1"凹槽相对于参考点X0的深度输入"5.000"（inc）。

⑦ "N"凹槽数量输入"2"。

⑧ "DP"凹槽间距输入"10.000"。

确认以上参数设置无误后，按〖接收〗软键，完成环形槽零件外沟槽精加工计划的程序编制。

8）完成环形槽零件外沟槽加工工作计划。Shop Turn 编程工具的图形化工作计划中的所有加工步骤都以简洁明了的方式显示，给用户提供了一个完整的概括，操作者可以对其进行编辑。生成环形槽零件的图形化工作计划，如图 5-40 所示。

（4）环形槽零件加工程序模拟仿真 按菜单扩展键〖➤〗，收回扩展水平软件栏，按〖模拟〗软键，环形槽零件仿真加工过程如图 5-41 所示。

图 5-40 环形槽零件的图形化工作计划

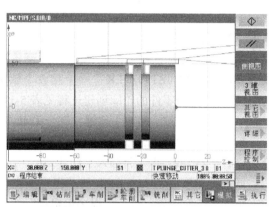

图 5-41 环形槽零件的模拟仿真加工

5.4.3 应用"轮廓车削"（轮廓计算器）功能编写 Shop Turn（程序）工作计划

Shop Turn 第三大特色是因为具有通用语言输入和图形支持功能，内置的轮廓计算器可以处理所有相关尺寸的运算且操作简便，以图 5-42 所示零件为例进行说明。

该零件是由 ϕ50mm×14mm、ϕ30mm×17mm，以及小端直径为 ϕ40mm、长度为 13mm 的圆锥台组成的台阶轴。毛坯尺寸为 ϕ60mm×100mm。

（1）刀具选择 零件的加工材料选择硬铝，材料牌号为 2A12；毛坯尺寸为 ϕ60mm×100mm，选择对应的铝材料切削加工刀具。选用刀具和切削参数（参考值）见表 5-16。

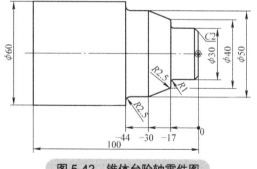

图 5-42 锥体台阶轴零件图

表 5-16 锥体台阶轴零件加工刀具及参考切削参数

刀具编号	刀具名称	切削参数			说明
		背吃刀量 a_p/mm	进给量 f/mm/r	主轴转速 /（r/min）	
T1	粗加工刀具 _W	1.5	0.3	1500	93°、80°

（2）使用 Shop Turn 编程工具完成加工程序的管理和创建

1）创建锥体台阶轴零件加工文件的保存路径。程序目录的新建前面已介绍过，此处不再赘述。

2）完成锥体台阶轴零件"程序开头"内容创建。锥体台阶轴零件程序开头的设置可参照5.4.1 小节进行。

"程序头参数"中的"毛坯"参数设置中"毛坯"选择"圆柱体","XA"圆柱体外直径输入"60.000","ZA"毛坯上表面的位置输入"0.000","ZI"毛坯的长度（相对于 ZA 设置时）输入"100.000"（inc），"ZB"加工长度（相对于 ZA 设置时）输入"60.000"（inc）。

3）插入锥体台阶轴零件加工程序的备注信息，工作计划（程序）名称为"ZTTJZ.MPF"。

4）使用轮廓计算器创建锥体台阶轴零件轮廓。轮廓编辑器轨迹生成界面包括 4 个区域：左侧的两个竖状图标条，分别是"程序编辑链"和"轮廓绘图进程树"，中间为编辑对象显示区，右侧为对应参数输入区，如图 5-43 所示。

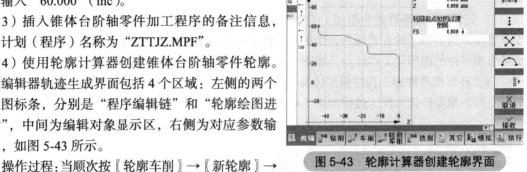

图 5-43　轮廓计算器创建轮廓界面

操作过程：当顺次按〖轮廓车削〗→〖新轮廓〗→输入新轮廓名称"ZTTJZ_LK"→〖接收〗软键后，会启用"轮廓计算器"的"轮廓绘图进程树"，锥体台阶轴零件的轮廓创建过程见表 5-17。当锥体台阶轴轮廓输入完毕后，按进程树下方"END"图标，再按〖接收〗软键，就会关闭"轮廓计算器"的"轮廓绘图进程树"。

确认以上参数设置无误后，按"轮廓绘图进程树"下方的"END"图标，再按〖接收〗软键，轮廓"ZTTJZ_LK"将插入工作计划中。

同时，轮廓"ZTTJZ_LK"的"程序编辑链"打开，接着在"程序编辑链"中插入外轮廓粗、精加工工作计划，进行"程序编辑链"扩展（扩展的每步都将为程序链中的一个链环），形成一个完整的程序链。

表 5-17　锥体台阶轴零件轮廓创建过程

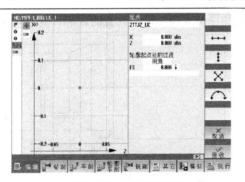

1）设置轮廓名称及轮廓起点

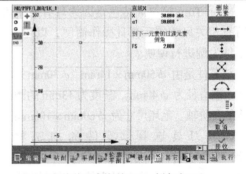

2）接着画直线到 X30，倒角为 C2

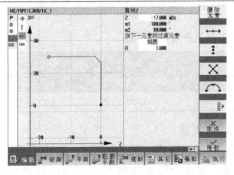

3）接着画一条直线到 Z–17

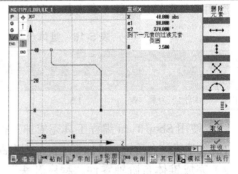

4）建立已确定交点的垂直线段及圆角 R2.5

（续）

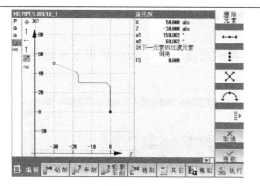

5）斜线的终点为 X50 和 Z-30

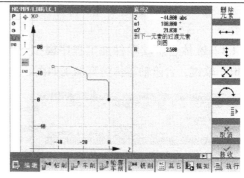

6）到 Z-44 水平线，用圆弧过渡 R2.5

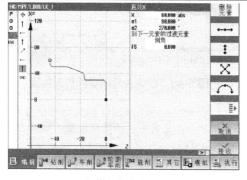

7）线段终点为 X60

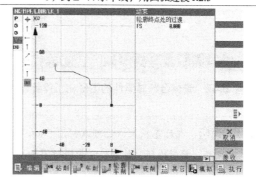

8）轮廓终点设置

5）完成锥体台阶轴零件外轮廓粗、精加工工作计划。在屏幕下方按水平软键中的〖轮廓车削〗，在屏幕右侧按垂直软键中的〖切削〗，填写参数（图 5-44）如下：

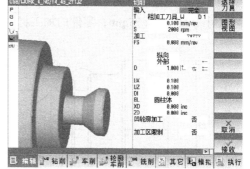

① "T" 刀具名称从系统刀具表中选择为"粗加工刀具_W"，刀沿号"D"为"1"。

② "F" 切削进给量输入"0.100"（mm/rev），"S"主轴转速输入"2000"（r/min）。

③ "加工"选择"▽+▽▽▽"粗+精加工结合。

④ "FS"精加工进给量输入"0.080"，加工方向选择"纵向""外部""←"。

图 5-44　锥体台阶轴零件粗、精加工设置参数

⑤ "D" 最大背吃刀量设置为"1.000"（半径值），选择"┖"始终沿轮廓返回、"⇶"切削分段等分、"⇆"恒定背吃刀量。

⑥ "UX" X 轴精加工余量输入"0.100"，"UZ" Z 轴精加工余量输入"0.100"。

⑦ "DI" 连续切削输入"0.000"。

⑧ "BL" 毛坯特性选择"圆柱体"。

⑨ "XD" 和 "ZD" 余量均输入"0.000"，由于该轮廓没有凹轮廓，所以"凹轮廓加工"和"加工区限制"均选择"否"。

确认以上参数设置无误后，按〖接收〗软键，完成这个加工计划的程序编制。

6）完成锥体台阶轴零件加工工作计划。生成锥体台阶轴零件的图形化工作计划如图5-45所示。

（3）锥体台阶轴零件加工程序模拟仿真　按菜单扩展键〖➤〗，收回扩展水平软件栏，按〖模拟〗软键，台阶轴零件仿真加工如图5-46所示。

图5-45　锥体台阶轴零件的图形化工作计划

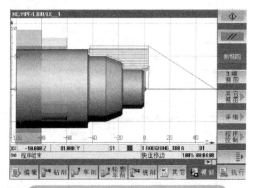

图5-46　锥体台阶轴零件仿真加工

> 说明：在此基础上，还可以利用Shop Turn中的几何形状和工艺有关联性的模块里的凹槽循环、螺纹循环、钻削循环、钻削位置等进行添加，完成更复杂零件的加工。

5.4.4　加工编程练习与思考题

（1）加工编程练习图1　使用Shop Turn编程工具编制图5-47所示加工尺寸的加工工作计划，毛坯尺寸 ϕ60mm×75mm，零件的加工材料选择硬铝，材料牌号为2A12。

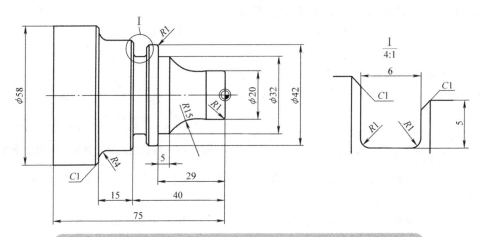

图5-47　使用Shop Turn编程工具编制加工工作计划（练习图1）

参考加工过程如下：

1）外轮廓加工。

2）沟槽加工（图5-47中I处）。

（2）加工编程练习图2 使用Shop Turn编程工具编制图5-48所示加工尺寸的加工工作计划。毛坯尺寸为 ϕ70mm×85mm，零件的加工材料选择硬铝，材料牌号为2A12。

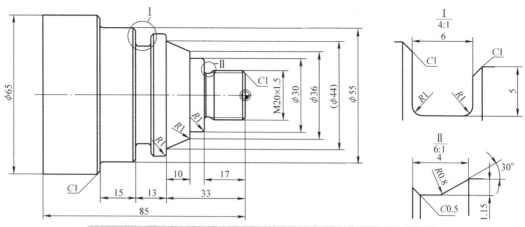

图 5-48 使用 Shop Turn 编程工具编制加工工作计划（练习图2）

参考加工过程如下：

1）外轮廓加工。

2）螺纹槽加工（图 5-48 中Ⅱ处）。

3）螺纹加工（M20×1.5）。

4）沟槽加工（图 5-48 中Ⅰ处）。

（3）思考题

1）Shop Turn 的编程特点有哪些？

2）Shop Turn 程序如何设置回退距离？

3）Shop Turn 的退刀槽参数设置有哪些注意点？

4）简述 Shop Turn 编程的 3 种方法，并说明 3 种方法的特点及适用场合。

5）简述 Shop Turn 编程与 NC 指令编程的区别。

附 录
APPENDIX

1. 准备功能

准备功能主要用来命令机床或数控系统的工作方式。由 SINUMERIK 828D 系统的准备功能，用地址符 G 和后面的数字表示。具体 G 指令代码见附表 A-1。

附表 A-1　SINUMERIK 828D 系统常用的准备功能代码

序号	G 代码	组号	系统功能	模态 / 非模态
1	G00		快速点定位	模态
2	*G01	01	直线插补	模态
3	G02		顺圆插补	模态
4	G03		逆圆插补	模态
5	G04	00	延时暂停	非模态
6	CIP	01	通过中间点圆弧插补	模态
7	CT		带切线过渡圆弧	模态
8	G17		选择 XY 平面	模态
9	*G18	06	选择 ZX 平面	模态
10	G19		选择 YZ 平面	模态
11	G25	03	主轴最小转速下限设定	非模态
12	G26		主轴最大转速上限设定	非模态
13	G33	01	恒螺距的螺纹切削	模态
14	G34		变螺距、螺距增加	模态
15	G35	01	变螺距、螺距减小	模态
16	*G40		取消刀尖圆弧半径补偿	
17	G41	07	刀尖圆弧半径左补偿	模态
18	G42		刀尖圆弧半径右补偿	
19	G53	09	取消零点偏置	非模态
20	G500		取消零点偏置	模态
21	G54~G57	08	坐标系零点偏置	
22	G64	10	连续路径加工	模态

（续）

序号	G 代码	组号	系统功能	模态 / 非模态
23	G70	13	寸制尺寸	模态
24	G71		米制尺寸	
25	G74	2	返回参考点	非模态
26	G75		返回固定点	非模态
27	*G90	14	绝对尺寸	模态
28	AC			
29	G91		增量尺寸	模态
30	IC			
31	G94		进给速度 f，单位 mm/min	模态
32	*G95		主轴进给量 f，单位 mm/r	模态
33	G96		恒定切削速度	模态
34	G97		取消恒定切削速度	模态
35	*G450	18	圆角过渡拐角方式	模态
36	G451		尖角过渡拐角方式	模态
37	DIAMOF	29	半径量方式	模态
38	*DIAMON		直径量方式	模态
39	TRANS	框架指令	可编程零点偏移	模态
40	ATRANS		附加的可编程零点偏移	
41	SCALE		可编程比例系数	
42	ASCALE		附加可编程比例系数	
43	CYCLE81	孔加工固定循环	钻中心孔循环	模态
44	CYCLE82		钻削、铰孔循环	模态
45	CYCLE83		深孔钻削循环	模态
46	CYCLE840		攻螺纹循环	模态
47	CYCLE92	车削循环	切断	模态
48	CYCLE930		凹槽循环	模态
49	CYCLE940		退刀槽 (E 型、F 型)	模态
50	CYCLE951		切削循环	模态
51	CYCLE952		轮廓切削循环	模态
52	CYCLE99		螺纹切削循环	模态

注：表中标有 * 记号的为系统开机通电默认状态。

2. 进给功能

进给功能主要用来指令切削的进给速度。对于数控车床，进给方式可分为每分钟进给和每转进给两种，SIEMENS 系统用 G94、G95 规定。

（1）每转进给指令 G95　在 G95（开机默认指令）状态（MD20150[14]=3 时）下，F 指令所指定的进给速度单位为 mm/r，即进给量。G95 为模态指令，只有输入 G94 指令后 G95 才被取消。

（2）每分钟进给指令 G94　在 G94 状态下，F 指令所指定的进给速度单位为 mm/min。G94 为模态指令，即使断电也不受影响，直到被 G95 指令取消为止。

3. 主轴转速功能

主轴转速功能主要用来指定主轴的转速，单位为 r/min。

（1）恒线速度控制指令 G96　G96 是接通恒线速度控制的指令。系统执行 G96 指令后，S 后面的数值表示切削线速度。用恒线速度控制车削工件端面、锥度和圆弧时，由于 X 轴不断变化，故当刀具逐渐移近工件旋转中心时，主轴转速会越来越高，工件有可能从卡盘中飞出。为了防止事故，必须限制主轴转速，SINUMERIK 828D 系统用 LIMS 来限制主轴转速。例如，"G96 S200 LIMS = 2500" 表示切削速度是 200m/min，主轴转速限制在 2500r/min 以内。

（2）主轴转速控制指令 G97　G97 是取消恒线速度控制的指令。系统执行 G97 指令后，S 后面的数值表示主轴每分钟的转数。例如，"G97 S600" 表示主轴转速为 600r/min，系统开机状态为 G97 状态。

4. 刀具功能

刀具功能主要用来指令数控系统进行选刀或换刀，SINUMERIK 828D 系统用刀具号 + 刀补号的方式进行选刀和换刀，如 T2 D2 表示选用 2 号刀具和 2 号刀补。

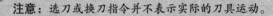

注意：选刀或换刀指令并不表示实际的刀具运动。

5. 辅助功能

辅助功能也称 M 功能，主要用来指令操作时各种辅助动作及其状态，如主轴的开、停以及切削液的开关等。SINUMERIK 828D 系统中常见的 M 指令代码见附表 A-2。

附表 A-2　辅助功能 M 代码

M 指令	功能	M 指令	功能
M00	程序暂停	M05	主轴停转
M01	选择性停止	M06	自动换刀，适应加工中心
M02	主程序结束	M08	切削液开
M03	主轴正转	M09	切削液关
M04	主轴反转	M30	主程序结束，返回开始状态

附录 B 数控车床维护与保养

做好数控车床的日常维护和保养，降低数控车床的故障率，将能充分发挥数控车床的功效。一般情况下，数控车床的日常维护和保养是由操作人员来进行的。每台数控车床经过长时间使用后都会出现零部件的损坏，但是及时开展有效的预防性维护，可以延长元器件的工作寿命，延长机械部件的磨损周期，延长机床的工作时间，防止意外恶性事故的发生。具体维护保养要求在数控车床说明书中有明确规定。

1. 每日检查要点

（1）接通电源前的检查

1）检查机床的防护门、电柜门是否关闭。

2）检查工具、量具等是否已准备好。

3）检查切屑槽内的切屑是否已清理干净。

4）检查切削液、液压油、润滑油的量是否充足。

5）检查所选择的液压卡盘的夹持方向是否正确。

（2）接通电源后检查

1）显示屏上是否有报警显示，若有问题应及时予以处理。

2）检查操作面板上的指示灯是否正常，各按钮、开关是否处于正确位置。

3）液压装置的压力表指示是否在所要求的范围内。

4）各控制箱的冷却风扇是否正常运转。

5）刀具是否正确夹紧在刀架上，回转刀架是否可靠夹紧，刀具是否有损伤。

6）若机床带有导套、夹簧，应确认其调整是否合适。

（3）机床运转后的检查

1）有无异常现象。

2）运转中，主轴、滑板处是否有异常噪声。

2. 月检查要点

（1）检查主轴的运转情况 使主轴以最高转速 1/2 左右的转速旋转 30min，用手触摸壳体部分，若感觉温和即为正常。

（2）检查 X、Z 轴行程限位开关、各急停开关动作是否正常 可用手按压行程开关的滑动轮，若有超程报警显示，说明限位开关正常。同时清洁各接近开关。

（3）检查 X、Z 轴的滚珠丝杠 若有污垢，应清理干净；若表面干燥，应涂润滑脂。

（4）检查回转刀架的润滑状态是否良好 若回转刀架润滑状况不好，应按要求进行润滑。

（5）检查导套装置

1）检查导套内孔状况，看是否有裂纹、毛刺。若有问题，应予以修整。

2）检查并清理导套前面盖帽内的切屑。

（6）检查冷却槽 检查并清理冷却槽内的切屑。

（7）检查润滑装置

1）检查润滑油管路是否损坏，管接头是否有松动、漏油现象。

2）检查润滑泵的排油量是否符合要求。

（8）检查液压装置

1）检查液压管路是否损坏，各管接头是否有松动或漏油现象。

2）检查压力表的工作状态。通过调整液压泵的压力，检查压力表的指针是否工作正常。

3. 半年检查要点

（1）检查主轴

1）检查主轴孔的振摆。将千分表探头伸入卡盘套筒的内壁，然后轻轻地将主轴旋转一周，指针的摆动量小于出厂时精度检查表的允许值即可。

2）检查编码盘用同步带的张紧力及磨损情况。

3）检查主轴传动带的张紧力及磨损情况。

（2）检查刀架　主要看换刀时其换位动作的连贯性，以刀架夹紧、松开时无冲击为好。

（3）电器检查　检查各插头、插座、电缆、各继电器的触点是否接触良好；检查各印制电路板是否干净；检查主电源变压器、各电动机的绝缘电阻（应在 $1M\Omega$ 以上）。

（4）检查润滑泵装置浮子开关的动作状况　可用润滑泵装置抽出润滑油，看浮子落至警戒线以下时是否有报警指示，以判断浮子开关的好坏。

（5）检查导套装置　用手沿轴向拉导套，检查其间隙是否过大。

（6）后备电池的检查　检查断电后用于保存机床参数、工作程序的后备电池的电压值，视情况予以更换。

4. 数控车床定期维护表

附表 B-1 列出了数控车床定期维护的内容和要求，供参考。

附表 B-1　数控车床定期维护表

序号	检查周期	检查部位	检查要求
1	每天	导轨润滑油箱	检查油标、油量，及时添加润滑油，润滑泵能定时起动泵油及停止
2	每天	X、Z 轴导轨面	清除切屑及脏物，检查润滑油是否充分，导轨面有无划伤损坏
3	每天	压缩空气气源压力	检查气动控制系统压力，应在正常范围内
4	每天	气源自动分水滤气器、自动空气干燥器	及时清理分水器中滤出的水分，保证自动空气干燥器工作正常
5	每天	气液转换器和增压器油位	发现油不够时及时补足油
6	每天	主轴润滑恒温油箱	工作正常，油量充足，并调节温度范围
7	每天	机床液压系统	油箱、液压泵无异常噪声，压力表指示正常，管路及各接头无泄漏，工作油位正常
8	每天	液压平衡系统	平衡压力指示正常，快速移动时平衡阀工作正常
9	每天	CNC 的输入 / 输出单元	机械结构润滑良好等
10	每天	各种电气柜散热通风装置	各电气柜冷却风扇工作正常，风道过滤网无堵塞
11	每天	各种防护装置	导轨、机床防护罩等应无松动、漏水现象
12	每天	各电气柜过滤网	清洗各电气柜过滤网
13	每半年	滚珠丝杠	清洗滚珠丝杠上旧的润滑脂，涂上新润滑脂
14	每半年	液压油路	清洗溢流阀、减压阀、滤油器、油箱箱底，更换或过滤液压油
15	每半年	主轴润滑恒温油箱	清洗过滤器，更换润滑油
16	每年	润滑泵、滤油器	清理润滑油池底，更换滤油器
17	不定期	各轴导轨上镶条、压紧滚轮松紧状态	按机床说明书调整
18	不定期	切削液箱	检查液位，切削液太脏时需更换并清理箱底部，经常清洗过滤器

（续）

序号	检查周期	检查部位	检查要求
19	不定期	排屑器	经常清理切屑，检查有无卡住等
20	不定期	废油池	及时取走废油池中的废油，以免外溢
21	不定期	主轴驱动带	按机床说明书调整主轴与驱动带的松紧度

5. 数控车床的润滑

用户应熟悉机床需要润滑的部位、润滑方式、润滑时间和润滑材料。定时、定期对机床的油路进行检查，确保油路的畅通及供油器件正常工作。制定严格的规章制度，定时定期安排专职人员加油，建立岗位责任制。数控车床润滑示意图如附图 B-1 所示。

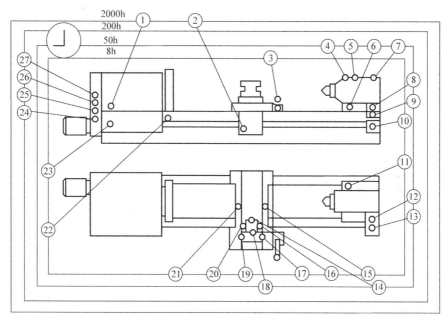

a) 润滑部位及间隔时间

润滑部位编号	①	②	③	④～㉓	㉔～㉗
润滑方法					
润滑油牌号	L-AN46	L-AN46	L-AN46	L-AN46	油脂
过滤精度/μm	65	15	5	65	—

b) 润滑方法及材料

附图 B-1　数控车床润滑示意图

6. 数控系统的日常维护

（1）机床电控柜的散热通风　通常安装于电控柜门上的热交换器或轴流风扇，能对电控柜的内外进行空气循环，促使电控柜内的发热装置或元器件，如驱动装置等进行散热。应定期检查电控柜上的热交换器或轴流风扇的工作状况，看风道是否堵塞；否则会引起柜内温度过高而使系统不能可靠运行，甚至引起过热报警。

（2）尽量少开电控柜门　加工车间飘浮的灰尘、油雾和金属粉末落在电控柜上容易造成元器件间绝缘电阻下降，从而出现故障。因此，除了定期维护和维修外，平时应尽量少开电控柜门。

（3）备用印制电路板的定期通电　对于已经购置的备用印制电路板，应定期装到 CNC 系统上通电运行。实践证明，印制电路板长期不用易出故障。

（4）数控系统长期不用时的保养　数控系统处于长期闲置的情况下，要经常给系统通电，在机床锁住不动的情况下，让系统空运行。系统通电可利用电气元器件本身的发热来驱散电控柜内的潮气，保证电气元器件性能稳定可靠。实践证明，在空气湿度较大的地区，经常通电是降低故障的一个有效措施。

7. 数控系统中硬件控制部分的检查调整

数控系统中硬件控制部分包括数控单元项目、电源项目、伺服放大器、主轴放大器、人机通信单元、操作单元面板、显示器等部分。

每年让有经验的维修电工检查一次。检测有关的参考电压是否在规定范围内，如电源项目的各路输出电压、数控单元参考电压等，若不正常应按要求调整；检查系统内各电气元器件连接是否松动；检查各功能项目使用风扇运转是否正确并清除灰尘；检查伺服放大器和主轴放大器使用的外接式再生放电单元的连接是否可靠，清除灰尘；检测各功能项目使用的存储器后备电池的电压是否正常，一般应根据厂家的要求定期更换。

对于长期停用的机床，应每月开机运行 4h，这样可以延长数控机床的使用寿命。

8. 机械部分的检查调试

数控车床的机械传动系统是指将电动机的旋转运动变为刀架溜板的直线运动的整个机械传动链及附属机构，包括齿轮减速装置、滚珠丝杠副、导轨及刀架溜板等。

数控车床是机电一体化设备，机床结构较普通机床更简单，但其精度、刚度、热稳定性等要求则高得多。为了保证整机的正常工作，机械本体的维护保养也要引起足够的重视。

（1）日常维护保养　操作者在每班加工结束后，应将散落于工作台、导轨护罩等处的切屑清扫干净；在工作时注意检查排屑器是否正常，以免造成切屑堆积，损坏防护罩，危及滚珠丝杠与导轨的寿命；在工作结束前，应将各伺服轴移离原点约 30cm 后停机。

（2）机床各运动轴传动链的检查调整　维修工每年应对数控车床各运动轴的传动链进行一次检查调整。主要检查导轨镶块的间隙，滚珠丝杠的预紧是否合适，联轴器各锁紧螺钉是否松动，同步带是否松动或磨损，齿轮传动间隙是否需要调整；检查主轴箱平衡块的链条是否磨损，并进行润滑。

（3）各运动轴精度的检查调整　数控车床使用一段时间后，因物理磨损或机械变形，使其精度发生变化，因此有必要对其进行检查调整。维修人员每年应对数控车床的安装精度检测一次。如果精度超过机床允许值，应进行调整或使用数控车床的参数，对反向间隙、丝杠螺距误差进行补偿，直至精度符合要求，并做出详细记录，存档备查。

（4）减速撞块的检查调整　检查机床各运动轴返回参考原点的各减速撞块固定螺钉是否松动，如果松动，固定后，数控车床的对应点可能漂移，应对有关参数（如栅点排蔽量、栅点漂移量）进行调整，使原点恢复原位置。

附录 C　加工程序的传输

在 SINUMERIK 828D 数控车削系统上能够很方便地进行加工程序传输或实现在线加工。

1. 使用USB、CF卡传输或运行程序

在 SINUMERIK 828D 系统前面板上有 U 盘、CF 卡接口、以太网口 X127，如附图 C-1 所示，可以直接连接 U 盘、CF 卡，而且不需要适配器，实际加工时可以将程序复制到系统。对于大的模具加工程序，可直接在 U 盘、CF 卡上运行程序（从安全加工的角度出发，不推荐使用这个方法）。具体操作可将程序复制到 CF 卡，然后直接插入系统，盖上防尘盖进行加工。使用中的 CF 卡，可与 SINUMERIK 828D 系统的网络功能或 U 盘进行方便的文件交换、复制、粘贴、删除等操作。

附图 C-1　SINUMERIK 828D 系统前面板

2. 使用网络接口传输程序或在线加工

使用网线连接传输程序时，可以使用系统面板前的 X127 网口（系统调试接口），也可使用系统背面的 X130 网口（工厂组网接口）进行程序的传输或在线加工。有以下两种程序传输方式可供客户使用。

（1）传输方式一　使用 Access My Machine 软件（旧版本软件叫 RCS Command，在 SINUMERIK 828D 的 Toolbox 中包含此软件）将程序传输到系统侧或系统上插的 U 盘或 CF 卡中进行加工。可以用于 SINUMERIK 808DAD、828D 和 840D sl 数控系统的数据通信，进行文件传输，简单介绍如下。

以软件版本 AccessMyMachine P2P (PC) 4.6 为例，软件图标：软件可以用于 SINUMERIK 828D。

1）安装。

① 将安装包放置在不含有中文路径的文件夹下。

② 安装过程中，需勾选 "Chinese" 复选框。

2）使用方法。

① 语言切换。进入软件（默认英文），按照 "Settings" → "Changing language…" 路径，选择要调整的语言，这里选择 "Chinese simpl"（简体中文），重启软件生效，如附图 C-2 所示。

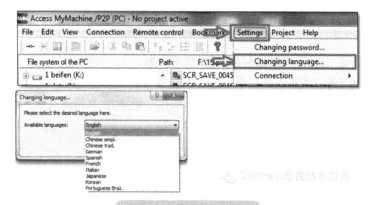

附图 C-2　语言切换操作

② 连接设置。使计算机与 SINUMERIK 828D 系统前面板网口（X127 口）连接。笔记本侧网络设置为"自动获取 IP"。连接成功后，应为 192.168.215.xxx 网段，一般为 192.168.215.2。

打开软件后，弹出连接设置对话框，在"可用连接"下拉列表框中选择"新建网络连接"选项，如附图 C-3 所示。

③ 单击附图 C-3 所示对话中的"连接"按钮，弹出附图 C-4 所示的"连接"对话框

连接名称：SINUMERIK 840D sl/828D

文件传输设置如下：

IP/ 主机名称：192.168.215.1（SINUMERIK 828D 数控系统 IP 地址）

端口：22

用户名：manufact

密码："SUNRISE"（大写）

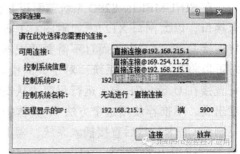

附图 C-3　连接设置

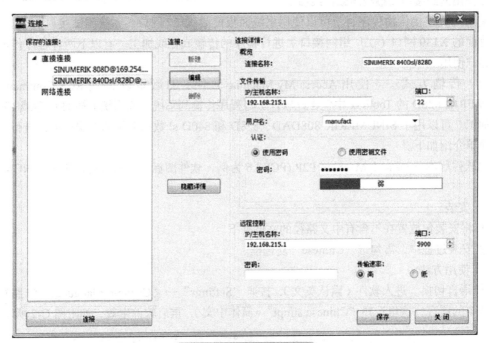

附图 C-4　连接界面内容

④ 单击右下方的"保存"按钮保存上述设置的数据。

⑤ 再单击左下方的"连接"按钮即可开始联机。

⑥ 文件传输。支持文件相互传输（如复制、粘贴、删除），支持拖曳操作。

注意事项：计算机侧文件传输路径不存在中文。

⑦ 远程控制。单击软件左上角的▤按钮，弹出远程监控界面，可操作监控系统屏幕，如附图 C-5 所示。

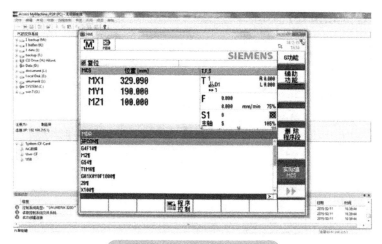

附图 C-5　远程控制文件传输

应注意以下几点：

- 传输程序的路径（程序文件夹名称）不能有中文字符。
- 传输时注意系统访问等级（用户级以上）。
- 实际工厂连接时建议使用 X130 连接。

（2）传输方式二　使用网络管理器选项功能（也就是网盘功能），实现程序从网盘到 SINUMERIK 828D 系统的传输，或者直接在网盘上运行程序，实现在线加工，并且可以设置网盘的访问权限。具体步骤可参考 SINUMERIK 828D 简明调试手册。

3. 使用RS232C传输

SINUMERIK 828D 上可使用传统的 RS232C 方式进行程序传输。随着工业网络的迅速发展，这种方式由于传输速率太低，稳定性也落后于工业网络[不能实现 DNC 功能（对于 DNC 功能，推荐使用网络接口，速度快，可靠性高），已较少使用]。以下仅做简单介绍，使用 RS232C 进行程序传输时，首先选择系统上的 RS232C 设置界面，如附图 C-6 所示。

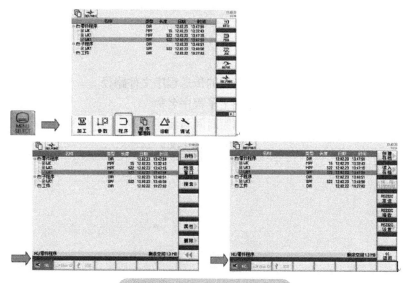

附图 C-6　RS232C 设置界面

设置传输参数，如附图 C-7 所示。

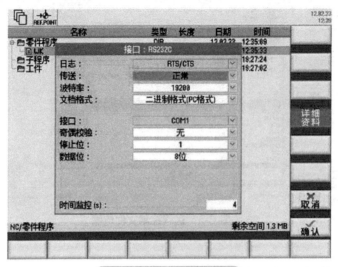

附图 C-7　设置传输参数

然后计算机侧使用 WinPCIN 软件进行传输，传输文件的格式，可直接从系统中先传出再更改，也可按以下示例的格式传输。

（1）传到主程序文件夹下的格式

```
%_N_WK1_MPF
;$PATH=/_N_MPF_DIR              ;规定的传送程序文件路径
;WK1_MPF                        ;加工主程序名称
;2019-01-04 ZHOU                ;编写时间与编写者
G54                             ;加工程序正文
G00 X100 Z100
G01 X50 F0.1
M30
```

（2）传到子程序文件夹下的格式

```
%_N_WK1_SPF
;$PATH=/_N_SPF_DIR              ;规定的传送程序文件路径
;WK1_SPF                        ;加工子程序名称
;2019-01-04 ZHOU                ;编写时间与编写者
G91                             ;加工程序正文
G00 X100 Z100
G01 X50 F0.1
M30
```

附录 D　西门子数控技术与教育培训信息

　　西门子为了方便客户，提供了一系列信息源。除了用户和制造商文档外，网上还有用户论坛、教育培训信息文档可供下载，更多信息概览可浏览。

　　1）教育培训信息及视频下载（CNC4YOU – 西门子数控用户门户网站）。

在该门户网站支持查阅西门子数控产品官网信息、相关教育培训及学习视频、在线课堂、实际应用案例及西门子数控工业级仿真软件下载。

http://www.ad.siemens.com.cn/CNC4YOU/Home/EducationTraining

　　2）西门子数控 SINUMERIK 技术文档下载。

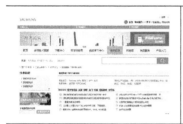

完整的西门子数控 SINUMERIK 文档、应用示例和常见问题参见网址，也可下载（可以通过页面切换语言至中文版面）。

https://support.industry.siemens.com/cs/ww/en/view/108464614

　　3）西门子数控 SINUMERIK- 用户论坛。

在 SINUMERIK 用户论坛上可以与其他 SINUMERIK 用户一起探讨技术问题。论坛由经验丰富的西门子技术人员和用户主持。

http://www.ad.siemens.com.cn/club/bbs/

参 考 文 献

[1] 昝华，陈伟华 . SINUMERIK 828D 铣削操作与编程轻松进阶 [M].2 版 . 北京：机械工业出版社，2018.
[2] 西门子公司 .SINUMERIK 828D 操作与编程用户手册 [Z].2015.
[3] 西门子公司 .SINUMERIK 828D 简明调试手册 [Z].2016.